中国古代农具

柏芸 编著

中国商业出版社

图书在版编目（CIP）数据

中国古代农具／柏芸编著 . -- 北京：中国商业出版社，2015.5（2022.7 重印）

ISBN 978-7-5044-8602-8

Ⅰ . ①中… Ⅱ . ①柏… Ⅲ . ①农具-技术史-中国 Ⅳ . ①S22-092

中国版本图书馆 CIP 数据核字（2015）第 117279 号

责任编辑：刘毕林

中国商业出版社出版发行

010-63180647　www.c-cbook.com

（100053 北京广安门内报国寺 1 号）

新华书店经销

三河市吉祥印务有限公司印刷

*

710 毫米×1000 毫米　16 开　12.5 印张　200 千字

2015 年 5 月第 1 版　2022 年 7 月第 3 次印刷

定价：25.00 元

* * * * *

（如有印装质量问题可更换）

《中国传统民俗文化》编委会

序　言

　　中国是举世闻名的文明古国,在漫长的历史发展过程中,勤劳智慧的中国人创造了丰富多彩、绚丽多姿的文化。这些经过锤炼和沉淀的古代传统文化,凝聚着华夏各族人民的性格、精神和智慧,是中华民族相互认同的标志和纽带,在人类文化的百花园中摇曳生姿,展现着自己独特的风采,对人类文化的多样性发展做出了巨大贡献。中国传统民俗文化内容广博,风格独特,深深地吸引着世界人民的眼光。

　　正因如此,我们必须按照中央的要求,加强文化建设。2006 年 5 月,时任浙江省委书记的习近平同志就已提出:"文化通过传承为社会进步发挥基础作用,文化会促进或制约经济乃至整个社会的发展。"又说,"文化的力量最终可以转化为物质的力量,文化的软实力最终可以转化为经济的硬实力。"(《浙江文化研究工程成果文库总序》)2013 年他去山东考察时,再次强调:中华民族伟大复兴,需要以中华文化发展繁荣为条件。

　　正因如此,我们应该对中华民族文化进行广阔、全面的检视。我们应该唤醒我们民族的集体记忆,复兴我们民族的伟大精神,发展和繁荣中华民族的优秀文化,为我们民族在强国之路上阔步前行创设先决条件。实现民族文化的复兴,必须传承中华文化的优秀传统。现代的中国人,特别是年轻人,对传统文化十分感兴趣,蕴含感情。但当下也有人对具体典籍、历史事实不甚了解。比如,中国是书法大国,谈起书法,有些人或许只知道些书法大家如王羲之、柳公权等的名字,知道《兰亭集序》

是千古书法珍品,仅此而已。

再如,我们都知道中国是闻名于世的瓷器大国,中国的瓷器令西方人叹为观止,中国也因此获得了"瓷器之国"(英语 china 的另一义即为瓷器)的美誉。然而关于瓷器的由来、形制的演变、纹饰的演化、烧制等瓷器文化的内涵,就知之甚少了。中国还是武术大国,然而国人的武术知识,或许更多来源于一部部精彩的武侠影视作品,对于真正的武术文化,我们也难以窥其堂奥。我国还是崇尚玉文化的国度,我们的祖先发现了这种"温润而有光泽的美石",并赋予了这种冰冷的自然物鲜活的生命力和文化性格,如"君子当温润如玉",女子应"冰清玉洁""守身如玉";"玉有五德",即"仁""义""智""勇""洁";等等。今天,熟悉这些玉文化内涵的国人也为数不多了。

也许正有鉴于此,有忧于此,近年来,已有不少有志之士开始了复兴中国传统文化的努力之路,读经热开始风靡海峡两岸,不少孩童以至成人开始重拾经典,在故纸旧书中品味古人的智慧,发现古文化历久弥新的魅力。电视讲坛里一拨又一拨对古文化的讲述,也吸引着数以万计的人,重新审视古文化的价值。现在放在读者面前的这套"中国传统民俗文化"丛书,也是这一努力的又一体现。我们现在确实应注重研究成果的学术价值和应用价值,充分发挥其认识世界、传承文化、创新理论、资政育人的重要作用。

中国的传统文化内容博大,体系庞杂,该如何下手,如何呈现?这套丛书处理得可谓系统性强,别具匠心。编者分别按物质文化、制度文化、精神文化等方面来分门别类地进行组织编写,例如,在物质文化的层面,就有纺织与印染、中国古代酒具、中国古代农具、中国古代青铜器、中国古代钱币、中国古代木雕、中国古代建筑、中国古代砖瓦、中国古代玉器、中国古代陶器、中国古代漆器、中国古代桥梁等;在精神文化的层面,就有中国古代书法、中国古代绘画、中国古代音乐、中国古代艺术、中国古代篆刻、中国古代家训、中国古代戏曲、中国古代版画等;在制度文化的层面，就有中国古代科举、中国古代官制、中国古代教育、中国古代军队、中国古代法律等。

此外，在历史的发展长河中，中国各行各业还涌现出一大批杰出人物，至今闪耀着夺目的光辉，以启迪后人，示范来者。对此，这套丛书也给予了应有的重视，中国古代名将、中国古代名相、中国古代名帝、中国古代文人、中国古代高僧等，就是这方面的体现。

生活在 21 世纪的我们，或许对古人的生活颇感兴趣，他们的吃穿住用如何，如何过节，如何安排婚丧嫁娶，如何交通出行，孩子如何玩耍等，这些饶有兴趣的内容，这套"中国传统民俗文化"丛书都有所涉猎。如中国古代婚姻、中国古代丧葬、中国古代节日、中国古代民俗、中国古代礼仪、中国古代饮食、中国古代交通、中国古代家具、中国古代玩具等，这些书籍介绍的都是人们颇感兴趣、平时却无从知晓的内容。

在经济生活的层面，这套丛书安排了中国古代农业、中国古代经济、中国古代贸易、中国古代水利、中国古代赋税等内容，足以勾勒出古代人经济生活的主要内容，让今人得以窥见自己祖先的经济生活情状。

在物质遗存方面，这套丛书则选择了中国古镇、中国古代楼阁、中国古代寺庙、中国古代陵墓、中国古塔、中国古代战场、中国古村落、中国古代宫殿、中国古代城墙等内容。相信读罢这些书，喜欢中国古代物质遗存的读者，已经能掌握这一领域的大多数知识了。

除了上述内容外，其实还有很多难以归类却饶有兴趣的内容，如中国古代乞丐这样的社会史内容，也许有助于我们深入了解这些古代社会底层民众的真实生活情状，走出武侠小说家加诸他们身上的虚幻的丐帮色彩，还原他们的本来面目，加深我们对历史真实性的了解。继承和发扬中华民族几千年创造的优秀文化和民族精神是我们责无旁贷的历史责任。

不难看出，单就内容所涵盖的范围广度来说，有物质遗产，有非物质遗产，还有国粹。这套丛书无疑当得起"中国传统文化的百科全书"的美誉。这套丛书还邀约大批相关的专家、教授参与并指导了稿件的编写工作。应当指出的是，这套丛书在写作过程中，既钩稽、爬梳大量古代文化文献典籍，又参照近人与今人的研究成果，将宏观把握与微观考察相结合。在论述、阐释中，既注意重点突出，又着重于论证层次清晰，从多角度、多层面对文化现象与发展加以考察。这套丛书的出版，有助于我们走进古人的世界，了解他们的生活，去回望我们来时的路。学史使人明智，历史的回眸，有助于我们汲取古人的智慧，借历史的明灯，照亮未来的路，为我们中华民族的伟大崛起添砖加瓦。

是为序。

傅璇琮

2014 年 2 月 8 日

前　言

　　农忙季节，当你来到农村，最吸引你注意的，想必是那些在田野中来往作业、由拖拉机牵引着的铧式犁、圆盘耙或联合收割机等庞然大物。但你也一定发现，在用新式机器耕作的同时，仍有一些农民在挥动铁搭翻地，手扶步犁驱牛耕田，或用锄中耕除草，或用锹开沟挖泥，或用镰刀收割庄稼。新式的农业机器是近百年才从西方传来我国，真正用到我国生产上只有四五十年的历史，而步犁、铁搭、锄、锹、镰刀以及其他许多农民常用的农具，却是千百年来先民自己创造发明，祖祖辈辈流传下来的。

　　恩格斯说：“劳动是从制造工具开始的。”我们是农业古国，农业生产在我国已有一万年以上的历史。我国古代农具的发明和发展，也有一万年以上的历史。在这万年的漫长岁月中，为了满足农业生产上的需要，先民们陆续创制了多种多样的农业生产用的工具。他们使用这些工具，辛勤耕耘，生产丰足的食物和衣服原料，使我们伟大的中华民族繁衍滋盛，一直到现在。

　　我国先民创制了哪些农具，什么时代创制的，中间又经过哪些改进，它们的形制如何，它们被使用后对农业生产有哪些影响？这些正是我们要向读者介绍的。

　　我们的祖先在远古时代就繁衍生息在中华大地上。开始，他们使用木棒与石块来采集野生植物和猎取动物，后来发明了经过简单打制的石器，这些石器被历史学家称为“旧石器”，这个时代也就称为

"旧石器时代"。在漫长的采集野生植物的过程中，原始人类逐渐积累了关于植物生长发育的知识，于是有人试着把其中一些可供食用的植物栽种在住处周围。农业就这样在不知不觉中出现了。

原始时代所使用的农具都是用木棒和石块制作的，有着不同用途。比如，当时已有用于伐木烧荒的石斧、石锛；用于掘土播种的耒耜、石耜；用于收割的石刀、蚌镰；用于谷物加工的石臼、石磨盘等。人们使用这些农具种植黍、粟、稻、豆、麻等农作物。

中国农业有万年以上的发展历史。自农业产生以来，它始终是我国国民经济最主要和最重要的生产部门。"国以农为本，民以食为天"成为国人的共识。我国劳动人民在长期的生产实践中发明创造很多，积累了丰富的农业科学技术经验。17世纪以前我国的农业科学技术一直居于世界前列，17世纪之后传统农业科学技术仍向纵深发展。19世纪西方实验科学传入我国，近代农业科学技术在我国得到发展。总之，中国农业科学技术发展历史悠久，农业遗产非常丰富。

大体说来，原始农业时期，已发明了整地、收获、加工脱粒等三类农具。商周时期已产生中耕技术，出现了中耕农具，并且发明了青铜农具。春秋战国时期出现了以牛马为动力的犁耕并发明了铁农具，同时还创造了加工农具石磨。汉代是我国农具史上最为重要的时期，发明了整地机械耦犁和播种机械耧犁以及加工机械踏碓和风扇车。魏晋南北朝时期形成了一套抗旱保墒的耕耙耱技术，相应地创造了耙耱等整地农具。唐代在农具上的最大成就则是发明了曲辕犁，大量使用碾磨。宋元以后的农具虽有一些改良和进步，但没有根本性的突破，中国传统农具已经基本成熟定型。

本书主要介绍我国古代农具及其发展历程，内容翔实具体，叙述生动有趣，给读者再现了一些不多见的农耕工具和农业机械。本书能极大丰富读者的知识面，阅读本书你一定会为我国古代农业科技和农业生产工具的先进性与我国人民的智慧所折服。

目录

第五章　古代脱粒与加工农具

第六章　农用运输与储存工具

第七章　对古代农具的继承与发展

古代农具发展概况

　　农具和农业是同步产生的。在中国至今已有上万年历史。我国的农具不仅历史悠久,而且种类繁多,到元代我国的农具种类已达180种以上。这些农具,不但对我国农业的发展,就是对世界农具的进步也产生过深远的影响。

第一节
中国农具之萌芽

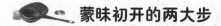
蒙昧初开的两大步

人类在地球上出现，已经有二三百万年了。在原始社会早期，我们的祖先取得了两大文明进步：一是学会用火，二是学会制造和使用工具。这是人类诞生以来，在物质文明领域中取得的最具有划时代意义的两大进步，是人类与猿类相区别的重要标志。

距今大约170万年的云南元谋猿人是我国境内迄今已知的最早的远古祖先。他们依靠狩猎和采集为生。在大自然温暖和谐的怀抱里，原始人类度过了平静而漫长的100多万年。

钻木取火

距今四五十万年前北京西南郊的居民是"北京猿人"。他们的体质结构已经具备了人的基本特征，特别是他们的脑膜上语言区部位的隆起，表明在进化的过程中产生了交流思想的语言。在他们生活的遗址中，发现了属于40多个不同性别、年龄个体的人骨化石，还发现了10多万件经过打击的石片、骨片和100多种动物化石，以及用火的遗迹。

原始人类最初是从制作木质工具

开始踏上文明征程的。他们用木棒、树枝来猎捕动物，挖掘植物的地下块茎，拍打树上的果子等。我们可以这样说，历史上第一位折下树枝来追捕野兔的原始人，应当被封为"文明始祖"。

 ## 自成一体的农业起源

农业起源于荒远的太古时代，当时还没有文字记载，人们只能从神话传说和地下发掘中寻找它的踪迹。

1. 从 "神农氏" 谈起

在我国古代传说中，有一位有巢氏，他在树上栖宿，以采集坚果和果实为生；有一位燧人氏，他发明钻木取火，教人捕猎为食；又有一位庖牺氏，他发明网罟，领导人民从事大规模渔猎活动。在庖牺氏以后，出现了神农氏，他是农业的发明者。在这以前，人们吃的是行虫走兽、果菜螺蚌，后来人口逐渐增加，食物不足，迫切需要开辟新的食物来源，神农氏为此遍尝百草，他既多次中毒，又幸运地找到解毒方法，历尽千难万险，终于选择出可供人类食用的谷物。接着他又观察天时地利，创制斧斤耒耜，

神农氏

教导人们种植谷物。于是，农业出现了；医药也顺便产生了。在神农氏时代，人们还懂得了制陶和纺织。

这些神话传说尽管有不少附会成分，但它确实反映了我国原始时代采猎经济由低级向高级依次发展的几个阶段。神农氏也代表了我国农业发生和确立的一整个时代，对我们有重要认识意义。

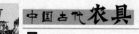
 2. 从 "无字地书" 中读到的

　　考古学家的锄头也为我们探索农业起源开辟了新天地。目前，我国已发现了成千上万的新石器时代农业遗迹，分布在从岭南到漠北、从东海之滨到青藏高原的辽阔大地上，尤以黄河流域和长江流域最为密集。

　　分布于黄土高原和黄河中下游大平原交接处的山麓地带的裴李岗文化和磁山文化，距今七八千年，已发现数十处遗址，构成黄河流域已知最早的农业区。该地原始居民已把种植业作为最重要的生活资料来源，主要作物是俗称谷子的粟。磁山文化遗址曾发现88个堆放着黄澄澄的谷子的窖穴，原储量估计达13万斤。出土农具有砍伐林木用的石斧、翻松土壤用的石铲、收获庄稼用的石镰和加工谷物用的石磨盘、石磨棒等，制作精致，配套成龙。饲养的家畜有猪、狗、鸡，可能还有黄牛。除了种谷和养畜外，人们还使用弓箭、鱼镖、网罟等进行渔猎，并采集榛子、胡桃等作为食物的补充。在这些遗址中有半地穴式住房、储物的窖穴、制陶的窑址和公共墓地等，组成定居的原始聚落。分布于陕南的李家村文化和分布于陇东的大地湾文化，与裴李岗文化、磁山文化年代相当，经济面貌相似。如甘肃泰安大地湾遗址，发现了距今七千多年的栽培黍遗存。这些文化，人们统称为"前仰韶文化"。黄河流域的农业文化是在它的基础上发展起来的。距今七千年至五千年的仰韶文化时期，农业遗址遍布黄河流域，其中有几十万平方米的大型定居农业村落遗址。距今五千年到四千年的龙山文化时期，黄河流域的农牧业更加发达，已经有了比较稳定的剩余产品，大量口小底大、修筑规整的储物窖穴和成套酒器的

古代农具——筛子

出土就是明证。正是在这种基础上，制石、制骨、制玉、制陶的专业工匠均已出现，阶级分化相当明显，文明的曙光已经展现在人们面前了。

　　长城以北的东北、内蒙古、新疆等地，新石器时代遗址亦多有发现，在另一些遗址中，渔猎在相当长时期内仍占重要地位。

　　前仰韶文化虽然是黄河流域已知

最早的农业文化，但这里的农业绝不是刚刚发生的。在这之前一般还经历刀耕农业阶段。我国古代传说中有所谓烈山氏，据说他的儿子名"柱"，"能植百谷百蔬"，古代夏以前被祀为农神——"稷"。所谓"烈山"，就是放火烧荒，所谓"柱"就是挖眼点种用的尖头木棒，它们正代表了刀耕农业中两种相互连接的主要作业，不过在传说中被拟人化了。这是我国远古确曾经历过刀耕农业阶段所留下的史影。后来生产技术的重点逐渐由林木砍烧转移到土地加工上，人们也由迁徙不定状态过渡到相对定居。这就是锄耕农业阶段。前仰韶文化显然已进入锄耕农业阶段。因此，黄河流域农业的起始，还应往前追溯一段相当长的时间。

长江流域是我国农业起源的另一个中心。不但起源很早，而且有着与黄河流域显著不同的面貌。在长江下游，距今将近七千年的浙江余姚河姆渡遗址发现栽培稻遗存。第四文化层有几十厘米厚大面积的稻谷、稻草和稻壳堆积物，估计折合原有稻谷24万斤。人们用牛肩胛骨做成大量骨耜，估计是用来开沟或翻土的，这说明当地水田农业已进入熟荒耕作的锄耕农业阶段。饲养的家畜除北方也有的猪、狗外，还有北方罕见的水牛。采集渔猎仍较发达，人们能够驾着独木舟到较远的水面去捕鱼，采集物中有菱角等水生植物，反映了水乡的特色。住房也和北方地穴、半地穴式建筑不同，是一种居住面悬空的干栏式建筑。20世纪70年代河姆渡遗址上述发现曾使国内和国际考古界为之震动，它说明长江流域和黄河流域一样，都是中华农业文化的摇篮。继河姆渡文化之后，经过马家浜文化进入良渚文化，长江下游的水田农业更为发达，人们使用石犁耕作，农作物种类更多，又懂得利用苎麻和蚕丝织布。作为礼器的精致的玉制品的出现和明显的阶级分化迹象，则标志着文明时代的破晓。

在长江中游的湖北、湖南、四川等省份，也有发达的稻作农业。最近在距今九千多年的湖南澧县彭头山遗址中发现了包含在陶片和红烧土中的碳化稻谷，是人们在制陶和砌墙时羼入稻壳，因而被保存下来的。这为人们探索我国稻作的起源提供了最新的资料。

在包括两广、福建、江西的南方地区，新石器时代早期遗址往往发现于洞穴之中，那里的居民仍以采猎为主要谋生手段，但有些地方农业可能已经发生。如广西桂林甑皮岩遗址早期文化层距今已有九千年以上，出土了国内

古代农具——车

外已知最早的家猪遗骨，还有粗制的陶片，这些应与定居农业有关；该遗址出土的磨光石斧、石锛和短柱形石杵，则可能是早期农业工具。在以后的发展中，部分原始居民在岗地和谷地建立了村落，从事稻作农业，另一些原始居民则在滨临河湖地区以捕捞为生，同时经营农业。此外，云南、贵州、西藏和台湾都发现了距今四千年上下以至更早的农业遗址。

从世界范围看，农业起源中心主要有三个：西南亚、中南美洲和东亚。东亚起源中心主要就是中国。中国原始农业具有与世界其他地区明显不同的特点。在种植业方面，中国以北方的粟黍和南方的水稻为主，不同于西亚以种植小麦、大麦为主，也不同于中南美洲以种植马铃薯、倭瓜和玉米为主。在畜养业方面，中国最早饲养的家畜是狗、猪、鸡和水牛，猪一直是主要家畜，我国又是世界上最早养蚕缫丝的国家，不同于西亚很早就以饲养绵羊和山羊为主，更不同于中南美洲仅知道饲养羊驼。中国的原始农具，如翻土用的手足并用的耒耜，收获用的掐割谷穗的石刀，都表现了不同于其他地区的特色。我国距今七八千年前已有相当发达的原始农业，农业起源可追溯到距今一万年左右，亦堪与西亚相伯仲。总之，中国无疑是独立发展、自成体系的世界农业起源中心之一。

原始农具

我国是人类发祥地之一。从一百七十万年以前起，我们中华民族的祖先就已经劳动、生息、繁衍在这块辽阔而肥沃的土地上。就体质形态来说，从古代的猿发展为现代的人，历经了"猿人"、"古人"的"马坝人"头骨化石，在湖北长阳县发现的有"长阳人"的上颌骨等化石，在山西汾县发现的"丁村人"三枚牙齿和石器。

大约在五万年以前，随着社会生产力的继续提高，远古人类又创造了旧石器时代的晚期文化。"河套人"可能是"古人"向"新人"过渡的早期"新人阶段"的代表。这一时期，"古人"进化到接近现代人的"新人"，也是我国原始社会逐渐进入母系氏族公社时期。除在北京周口店附近的龙骨山北京猿人山洞最上部的山顶洞里发现了"山顶洞人"化石外，还在广西柳江发现了"柳江人"的化石，在四川资阳县发现"资阳人"头骨、部分上颌骨和腭骨化石，在广西来宾县发现"麒麟山人"颅底部分骨化石。旧石器时代，人们的生产活动是采集野生果实与狩猎，生产工具主要是木棒和打制石器。诚如恩格斯所指出的，"劳动是从制造工具开始的"。我们的祖先制造工具，表明当时不仅能够适应自然，利用自然，而且以勤劳的双手开始了改造自然伟大的战斗生活。我们祖先创制的石器，尽管比较简单却闪耀着原始人类的智慧，也是今天人类所创造丰硕现代文明的伟大起点。

约六七千年以前，母系氏族公社进入比较繁荣阶段。我国的农业起源于新石器时代，可以以仰韶文化为代表。就整个新石器时代的文化遗址来讲，几乎遍布祖国各地，包括黄河流域、长江流域、华南地区、北方草原地区和东北地区。这一事实的本身，就充分说明我们勤劳勇敢的祖先，凭借着集体力量和智慧，显示出征服自然逐步改造自然的能力。从五千年以前，首先从黄河流域和长江流域的母系氏族部落，先后进入父系公社时期。由母系氏族过渡到父系氏族，是生产力发展特别是农业和畜牧业发展的结果。就农业生

古代农民防雨蓑笠

产工具来看，出现了原始农具耒耜，有大量石质、骨质、木质的农业生产工具，可以龙山文化为代表。

 夏、商、西周农具

与新石器末期相比较，夏、商、西周的农具材料增加了青铜，品种增加了中耕、除草农具，其他只是在过去基础上有所改进。

1. 整地农具

（1）木耒、铜耒

关于耒的形制标准，据古文献记载："车人为耒，庇长尺有一寸，中直者三尺有三寸，上句者二尺有二寸。自其庇缘其外，以至于首，以弦其内，六尺有六寸，与步相中也。坚地欲直庇，柔地欲句庇，直庇则利推，句庇则利发，倨句磬折，谓之中地。"这里要说明的是，凡是耒之尖都是斜尖，直尖的农具只是尖头木棒，不能称为"耒"。

耒为尖头木棒揉曲而成的农具，庇为耒下前曲部分。后来为了增大掘土的宽度以提高效率，同时也可能为了减轻土壤对工具的阻力，单齿耒发展成为双齿耒。新石器时代末期及夏、商、西周时期的双齿耒已大量出土。

（2）木耜、铜耜

耜的形状是近似椭圆形的叶子，其宽度五寸，长度一尺，在耜之上部，必须系以木柄，再在适当部位装一足踏横木。关于耜的制成材料，据文献记载均属木质。而当时华夏居住的黄河中下游即中原地区，被疏松肥沃的黄土所覆盖，为大量使用木质农具提供了方便条件。到西周，出现了金属耜头或耜套。

可知耒与耜是中国原始社会及奴隶社会的两种各自独立的不同农具。耜如同斧、锛，必须安装上木柄。耒、耜的木柄都有足踩的横木，操作时足蹴手压，直刺入土。有人认为，耒为殷商农具，耜为西周农具，这种看法并不准确。商也有耜，西周也有耒。在成书于春秋战国之际的齐国官书《周礼·考工记》中，既记有耒，也记有耜。由此可见，在当时即在"东土"的齐国不仅有耒，而且有耜。

（3）铜犁

继石犁之后，到商、西周已出现铜犁。出土的商铜犁，形近等腰三角形，宽体，两侧薄刃微弧，正面中部拱起，背面平齐，形成截面为钝三角形的銎口，两面均有纹饰，銎正中有一孔。长9.7厘米，肩阔12.7厘米，銎高1.6厘米。商—春秋铜犁，形制与前近似，但右侧残缺，边长13.5厘米，上端宽14.5厘米，重400克，底面二孔，可以用钉或木楔把犁头固定在犁底木上。犁面有明显使用磨损痕迹。尖端刃口微卷，是传世的周犁，三角形，正面铸有饕餮花纹。其背面为棱形，其宽度约合建初尺五寸而强。但从总体上看，铜犁之遗世数量极少，估计当时未能普遍使用。从当时的社会形态看，犁之拖动可能用人力。

（4）铜镈

到商周已有青铜镈代替石镈。锄、镈二物在使用中出现较早，但在文献中则出现较晚（以前可能归入"镈"类）。春秋时期文献中有"恶金以铸鉏、夷、斤、属，试诸壤土"。其中"鉏"即"锄"、"属"即"镈"。"锄"往往作为横斫式挖土工具之统称，与钁同类之农具还有"镐"、"镢"等。

2. 中耕除草农具

在原始农业阶段，中耕除草的必要性与可能性都不大，到夏、商、西周之后，由于垄作日渐普及，出现条播，在农事活动中出现中耕除草，而适应这种需要的农具就称"钱""镈"，如"命我众人，庤乃钱镈，奄观铚艾"，"其镈斯赵，以薅荼蓼"。可见，钱、镈都是金属所制作的中耕农具。在出土文物中，有名为"铜铲"者，其实是"钱"，镈是后拽式中耕除草农具。镈器曾为西周青铜农具的统称，产地在南方。在西周以前，包括青铜钁，西周晚期至东周，则主要为金属锄、镈、钱。镈的出现，表明我国古代农业开始从粗放到精耕细作的演变。

镈

3. 收获农具

（1）铜镰

铜镰形制如石镰。在《农书》中，对矩镰之描述如下："镰，刈禾曲刀也。《释名》曰：镰，廉也。薄甚，所刈似廉者也，又作'鎌'。《周礼》：'薙氏'掌杀草，春始生而萌之，夏日至而夷之。郑玄谓：夷之，钩镰迫地芟之也，若今取茭矣。《风俗通》曰：镰刀自撰积刍茭之效。然镰之制不一，有佩镰，有两刃镰，有袴镰，有钩镰，有镰柯之镰，皆古今通用芟器也。"

（2）铚

石刀演化为金属刀，在古文献中被称为"铚"，如"奄观铚艾"。"铚，获禾穗刀也。《臣工》诗曰，'奄观铚艾'；《书·禹贡》曰，'二百里纳铚'（注：刈禾半藁也）；《小尔雅》云，'截颖谓之铚'。截颖即'获'也。据陆诗《释文》云，'铚，获禾短镰也'。《纂文》曰，江湖之间以铚为'刈'。《说文》云，此则铚器断禾声也，故曰'铚'。《管子》曰，一农之事，必有一椎一铚，然后成为农。此铚之历见于经传者如此，诚古今必用之器也。"

从"艾，获器，今之镰也"等释文看，可知艾即带柄的镰刀，为石刀、蚌刀的发展，初似弯钩，继略平直，在其一端捆绑以木柄，或在木柄上穿銎，将石、蚌刀的一端插入。因用于割草，乃衍化为"艾"字。可见，原始农业及古代农业初期，以刀（铚）单收禾穗，以镰（艾）收穗与秸，文献中作为收获农具泛称的"艾"与考古材料中的刀、镰是一致的。

杵臼

4. 谷物加工农具

此时杵臼已代替石磨盘普遍使用，操作时虽费力，但效率远高于石磨盘。杵臼的材料有：木杵土臼、木杵木臼、木杵石臼、石杵石臼。其后到商周，杵臼已经普遍使用。此外，还有玉杵臼、铜杵臼，西汉有铁杵臼，是加工药物的工具。

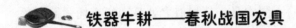 铁器牛耕——春秋战国农具

春秋战国时期，铁器被运用于农业生产，牛耕获得初步发展，极大地推动了生产力的发展，并为生产关系的变革奠定了基础。

1. 铁农具的使用和种类

根据文献记载，春秋时期已有冶铸生铁的技术，如《左传·昭公二十九年》记载，晋国自民间征收"一鼓铁，以铸刑鼎"。铁制农具在这一时期也开始使用。《国语·齐语》记载管仲提到"美金以铸剑戟，试诸狗马；恶金以铸锄夷斤劚（劚），试诸壤土"。此处"美金"指青铜，用来制造刀剑，宰猪杀马；"恶金"指铁，用来制造农具，耕地翻土。历年考古发掘资料表明，铁制工具在春秋晚期和战国初期已有使用，地域包括中原地区和长江流域；而到了战国以后，全国大部分地区均已使用铁器，并且铁农具逐渐取代木石农具，成为主要的农具。

根据考古和文献记载，春秋战国时期铁农具大致可分三个种类。

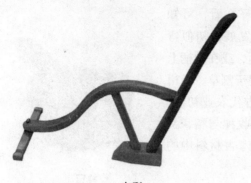

木犁

（1）耕垦农具

①犁。犁铧是由耒耜演变而成的，经过木石犁的发展阶段，金属犁在江浙地区和中原地区首先开始使用。至今最早出土的铁犁是战国时代的，在河南辉县固围村、河北易县燕下都、河北武安县赵城等遗址中均有发现。

春秋战国时期，由于牛耕的推广，铁犁铧取代了青铜犁铧。出土的犁铧冠多数呈"V"字形，宽度为20厘米以上，比商代铜犁大得多。它是套在犁铧前头使用，以便磨损后更换。

②镤。春秋时镤称劚，是一种横斫式的工具。战国时铁制镤镤开始取代青铜镤，而且出现了横銎式的铁镤。横銎式的镤是銎口横穿镤体的上部，直接横装木柄，加塞木楔，比直銎式镤紧固牢靠，使用时不易脱落，翻土功效较高。

③锸。锸和耜是有所相似的不同农具，其相似之处是同为直插式翻土农具，不同之处是耜有踏脚而锸没有。河南辉县的战国遗址出土了"一"字形和"凹"字形的两种锸。锸用于翻土、开沟和作垄。

（2）中耕农具

①锄。锄是用于中耕的小型横斫式农具。春秋战国时期出现了专用于松土锄草的正六角形铁锄，其锄体两侧斜削，锄草时不易碰伤庄稼。河北、湖南的战国遗址出土有梯形、半圆形锄，而且在河北隆县出土了铁锄范，说明当时使用锄的数量较大。

西周时称青铜锄为"镈"，春秋战国时，中耕器"镈"分为组和耨两类。耨是尺把长的短柄锄，组是站立使用的长柄锄。

②铲。铲是用于中耕除草的农具。西周时称为"钱"，使用时双手执柄向前推削除草。战国时，由于铁器的推广利用，铁铲的形制比以前变大。《管子·轻重乙》所载农具"铫"，即是铲。

（3）收获农具

镰是主要的收获农具。早期称"义""艾""刈"等，后来称"镰"。战国时，铁镰逐步取代铜镰，在河北兴隆出土有战国时的铁镰范，说明铁镰已大规模使用。

此外，战国时期木制工具也有发展，如木制的耰和枷。

《管子·轻重乙》载有"椎"，又叫"耰"，是为木榔头，用于碎土和覆种。《国语·齐渤》记载的农具中有"枷"，即褹枷，是当时先进的脱粒工具。灌溉工具方面，春秋时已出现了提水工具桔槔，《庄子·天地》《说苑·反质》中所载机具"槔""桥"，即是桔槔。可见，我国传统农业的一套必备工具，从整地、中耕、灌溉到收获，在战国时期就已基本具备了。

 2. 牛耕的出现

人们一般认为我国在商代时期出现了牛耕，但当时牛的主要用途是作祭祀之用，用于耕田的很少。

春秋时期确已出现牛耕，我们可以从文献中得到一些印证。《史记·仲尼弟子列传》记载，孔子弟子"冉耕字伯牛"。"司马耕字子牛"，将牛、耕

古代农具——犁

（田）应用于日常起名，说明牛耕在当时应该是习以为常的事。又《国语·晋语》载："将耕于齐，宗庙之牺，为畎亩之勤"，意思是将宗庙里作牺牲祭品的牛，转用来耕地。这是当时使用牛耕之证。牛耕的使用，是我国农业技术史上使用动力的一次革命。

战国时期，牛耕的推行更为普遍。《战国策·赵策》记载"且秦以牛田，水通粮，其死士皆列之于上地，令严政行，不可与战"，"牛田"是当时牛耕的通语，由此可看出秦国牛耕已较普遍。1975年，湖北云梦县睡虎地出土的秦简《厩苑律》中，就称耕牛为"田牛"，称牛耕为"牛田"。这为"秦以牛田"提供了确证。

知识链接

贾思勰《齐民要术》

《齐民要术》是世界上现存第一部农业百科全书，成书于公元6世纪三四十年代。"齐民"指平民，"要术"指谋生要诀。显然，他写书的目的是给老百姓看，所以书的内容都是农家所必备的生产生活知识。《齐民要术》系统而周密地总结了公元6世纪以前黄河流域的旱地农业生产经验，如轮作种植的发展、绿肥作物的采用、耕耙耱和中耕技术、设置种子田、"本母子瓜"留种方法、果树嫁接法、繁殖法以及家畜的饲养管理、微生物发酵等，大部分都是生产实践的经验总结。贾思勰的农业思想集中到一点，就是精耕细作，务求高产。他告诫说："凡人家营田，须量己力，宁可少好，不可多恶。"《齐民要术》不仅是我国完整地保存下来的最早农书，也是世界上早期农学名著之一。它标志着我国北方旱作作业精耕细作技术体系的成熟，成为我国农学史上的里程碑，对以后的农学发展有重大影响。

第二节
中国农具的奠基时期

 秦汉时期农具

汉代《盐铁论·水旱》说："农，天下之大业也。铁器，民之大用也，器用便利，则力少而得作多，农夫乐事劝功。"《盐铁论·农耕篇》又说："铁器者，农夫之生死也。"可见秦汉时期农业生产已与铁器不可分割，农具业已铁器化，从而为牛耕的推广创造了条件。

1. 铁农具的发展

秦汉时期的冶铁业获得巨大发展，生铁柔化技术臻于成熟，灰口铁、球墨铸铁、铸铁脱碳钢以及炒钢和"百炼钢"等性质各异、品种不同的生铁和钢相继出现，为制造不同用途的优质铁农具提供了丰富的材料来源，成为铁农具得以普及的物质基础。

从已有资料看，汉代农具主要以可锻铸铁为原料，从熔化铁水、制作铸范、浇注成形，到高温退火、出炉冷却，生铁柔化工艺的各个环节，都能很好地掌握，制成品多属黑心韧性铸铁。黑心韧性铸铁比白心韧性铸铁具有较高的强度和耐磨性，更适应了铁农具的要求。

西汉中期，实行冶铁业官营，生产技术和劳动生产率大大提高。政府也致力于农具的改革，并成立了指导新农具生产与推广的机构。这些都极大地促进了铁农具的推广。

汉代的农具不仅在中原一带，在边远地区也广泛使用。考古发掘中，从东北的辽宁、内蒙古到西南的云南、贵州，从东南的广东、福建到西北的甘肃，都发现了汉代的铁农具。在汉代遗址中，不但出土了大量农具铸范、窖藏农具等，而且在一般农户遗址上也发现了铁器。如辽阳三道壕西汉村落遗址发现农民居住遗址6处，均有铁农具出土，种类计有铧、镊、锄、锸、铲、镰、锹等，基本上满足了农业生产上各个主要环节的需要。铁农具在农具领域内的统治地位已牢固地建立起来了。

2. "耦犁" 的发明与演变及牛耕的推广

（1）汉代的耕犁

汉代的耕犁已得到普及。不但中原各省都有铁犁铧出土，西北、东北边陲也出土了不少铁犁铧。汉代的铁犁铧品种多样，大小不一，小的长宽20厘米左右，大的长宽可达40厘米，以适应不同的耕作需要。汉代耕犁的结构从出土的牛耕画像石来看，除铁铧外，还有木质的犁底、犁梢、犁辕、犁箭、犁衡等部件。其具有如下特点：

古代农具——犁

①多为犁底较长的长床犁，其优点是具有摆动性和速耕性，但仅适于浅耕；

②因系长辕犁和直辕犁，工作时回头和转弯均不方便；

③牵引装置靠犁衡，即犁辕前端架于牛颈上的横木，还未见有犁盘的装置；

④有些犁的犁梢（犁柄）和犁底（犁床）尚未分开；

⑤犁架装置还较简单，没有可控制犁土深浅的犁评，但江苏睢宁双沟犁的犁辕和犁箭之间已有活动木楔，应是后世犁评的萌芽。

由此可见，汉代耕犁虽带有某些原始的痕迹，但已经具备了畜力犁的基本部件，奠定了中国传统耕犁的基型。这种犁又称"框形犁"。框形犁有两大特点：一是它的摆动性，二是采用了曲面犁壁。犁在战国时只有铧没有壁，故只有破土、松土的功能，而没有翻土的能力，这种耕作显然起不到灭茬、压草的作用。汉代时创制了犁壁，犁壁安装在犁铧的后端上方，以引导垡条逐渐上移，进而达到翻土、灭茬、开沟、作垄的目的。这种带有犁壁的犁，解放后在陕西西安、咸阳，河南中牟，山东安丘等地均有出土，犁壁有向一侧翻土的菱形壁、板瓦形壁，有向两侧翻土的马鞍形壁。这种和犁铧结合在一起的铁制犁壁约在18世纪传入欧洲，对欧洲犁的改进和耕作制度的变革起了重大作用。

（2）"耦犁"及其演变

据《汉书·食货志》记载，赵过在推广代田法的同时还推广耦犁，以与之相配合，"其耕耘下种田器，皆有便巧……用耦犁，二牛三人"。耦犁的使

耕犁

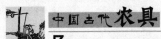
用大大提高了耕地效率。所谓"耦犁"，当指以二牛牵引为动力，以舌形大铧和犁壁为主要部件，结构比较完整的框形犁。从关中出土的汉代铁铧来看，舌形大铧一般长30厘米，重约7.5千克，底下板平，上面高起，前低后高，一般前端纯尖，形如舌，后面有等腰三角形的錾。这种舌形大铧往往与犁壁同出。牛耕时一人扶犁，一人牵牛，一人压辕（调节耕深）。以耦犁为标志的牛耕体系，是中国农业生产力发展中的一个里程碑。

牛耕的形式除"二牛三人式"外，还出现了"二牛一人式"和"一牛一人式"。如1950年出土的江苏睢宁东汉画像石上的"牛耕图"，画面上是两牛合犋，一人扶犁，为"二牛一人式"。"一牛一人式"的耕作，在陕西绥德东汉王得元墓画像石上有表现。说明耦犁技术有了演变。

（3）牛耕的推广

1949年后，陕西、山西、山东、江苏等地都有汉代壁画或画像石"牛耕图"出土，出土铁铧的地方更多，说明汉代已在许多地方推广了牛耕。

汉代，不仅在中原地区推广了牛耕，而且在边远地区也进行了推广，崔寔在《政论》中就说过："今辽东耕犁，辕长四尺。回转相妨，既用二牛，两人牵之，一人将耕。"说明辽东也推广了牛耕。

在西北地区，宁夏曾出土过东汉的犁壁。新疆伊犁地区昭苏县西汉时代的乌孙墓也出土过舌形大铧，与陕西出土的汉犁形制相同。这表明，牛耕已深入到西北边疆地区。

广东在汉代也推行了牛耕。如佛山澜石东汉墓水田模型中有"V"字形犁和犁耕俑，许多墓中还有陶牛随葬，说明了人们对耕牛的重视。

据《后汉书·循吏传》记载，东汉建武年间（公元5—26年），任延在九真郡（今越南清化、河静一带）推广牛耕。广西贺县还出土过东汉铁铧两件。广西位于从中原到九真的必经之路上，该地推广牛耕应在九真之前。

东汉应劭说："牛乃耕农之本，百姓所仰，为用最大，国家之为强弱也。"（《全后汉文·卷二十七》）耕牛被提到这样高的地位，从侧面反映了牛耕已相当普遍。

3. 耧车的发明

耧车在汉代又叫"耧犁"，是我国在2000多年以前发明的畜力条播器，

古代农具——犁

它是继耕犁之后中国农具发展史上又一重大发明。耧车对提高播种质量和促进农业生产起了重要作用。

崔寔《政论》在讲述耧车的使用与工效时说："武帝以赵过为搜粟都尉，教民耕植。其法：三犁共一牛，一人将之，下种挽耧，皆取备焉。日种一顷。至今三辅犹赖其利。"这里所说的"三犁"，实际是指耧车的三个耧脚，也就是《齐民要术》中所说的"三犁共一牛，若今三脚耧矣"，从山西平陆枣园汉墓出土的壁画耧播图来看，所谓"三犁共一牛"是指由一条牛挽拉的一具三脚耧车。耧车系由种子箱、排种器、输种管、开沟器、机架和牵引装置组成。工作时，由牛牵引，利用前进时的摇摆振动，使种子由种子箱落入排种器和排种管，然后通过开沟器上的小孔播入土中。

耧车除三脚的以外，还有独脚、两脚甚至四脚等数种。用它播种，第一，能保证行距一致，播种深度一致，能使作物出苗整齐；第二，能均匀播种，防止稀密不均；第三，开沟、下种、覆土等作业联合进行，不仅有利于抗旱保墒，而且在提高播种质量的同时，也可以大大提高播种效率。耧车至今仍是北方旱地农业中的主要播种机械。

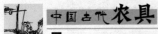
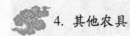

4. 其他农具

（1）碎土覆种工具

耰，作为一种专门的碎土覆种工具，在春秋战国时代就已经出现，到秦汉时期，使用更为广泛。秦末农民起义以"锄耰白梃"为武器，可见耰是农民常用的工具。在江陵凤凰山西汉墓中，也出现了持耰佣。除耰以外，汉代又出现了一些其他的碎土覆种工具，畜力牵引的摩田器——耱便是其中的一种。

《氾胜之书》："春地气通，可耕坚硰地……辄平摩其块"，"复耕，平摩之"。平摩的工具就是耱。山东滕县黄家岭汉墓画像石上有耱的形象，即用一根圆形粗木棍，中间安一长木辕，用牛拖动，这是目前已知的最早的耱地图。

这一时期，已出现人力耙，但似乎尚未出现畜力耙。汉代的耙有两类，一为竹木耙，一为铁齿耙。竹木耙即王褒《僮约》中所说的"屈竹作耙"，这种耙主要用于场院，"以推引聚禾谷也"，《说文解字》则称为"收麦器"。铁齿耙在战国已经出现，河北、山东、江苏等地均出土了汉代的铁齿耙或耙范，耙齿3~8个不等。这种耙是在耕翻过的土地上用来碎土的，仍为手工操作使用。《汉书·贡禹传》所谓"农夫父子，暴露中野不避寒暑，草杷土，手足胼胝"，即是这种情况的反映。

（2）谷物收获和加工工具

汉代收割庄稼用镰和铚，脱粒用连枷，谷物加工主要使用杵臼和践碓。同时石转磨已广泛使用，畜力、水力和风力亦相继被用来加工谷物，是这一时期农具发展的另一巨大成就。

在春秋战国时期，人们就已经发明了石转磨。河北邯郸出土了战国石磨，陕西栎阳也出土过秦代石磨。但石转磨的推广则是在汉代，汉代的实物及模型出土数量很多，应用也相当广，有些石磨已使用畜力牵引。史游《急就篇》提及谷物加工的有"碓硙扇隤（隤）舂簸扬"。

颜师古注："扇，扇车也，隤，扇车之道也。或作随，随之言坠也。既扇之且令坠下也。"可见，这指的就是风车（扬扇）。河南济源泗涧沟两座西汉晚期墓和洛阳东关东汉墓中各发现一套与陶碓同出的陶风车（扬扇）模型，说明至迟西汉末年风力已开始被利用在粮食加工上了。

古代收割农具——镰刀

东汉桓谭《新论》记载："宓戏制杵臼，万民以济，及后世加巧，因延力借身，重以践碓，而利十倍。杵舂又复设机关，用驴骡牛马，及役水而舂，其利乃且百倍。"东汉末年孔融《内刑论》说："贤者所制，逾于圣人。水碓之巧，胜于斫木掘地。"说明在脚踏碓的基础上，畜力碓和水碓至迟在东汉已经出现。

除碓以外，当时还出现了砻。《说文》："砻，䃺也"，是一种磨类的工具，多系土制或木制，也有用竹、木、土结合而制的，主要用于稻谷的脱壳，在江苏泗洪重岗西汉末年墓中发现了这种砻的图像。

（3）提水工具

魏晋南北朝以前我国井灌提水工具主要有两种，即桔槔和辘轳。桔槔在春秋时代已经出现，辘轳的使用始于何时则不详，但不少汉代遗址中均出土了辘轳的图像或模型，说明形制比较原始的辘轳在汉代已经获得广泛的应用了。当时辘轳形制大体相同，即在水井两侧竖起两根柱子，上架装有滑轮的横轴，滑轮有宽槽、窄槽两种。滑轮的槽中放绳索，绳子的一端系一柳罐（或陶罐），或两端各系一只罐子，一上一下交替提水。这时的辘轳还未装手摇的曲柄，但因它克服了"桔槔绠短而汲浅"的不足，故得到了比较广泛的应用。

除了桔槔和辘轳外，东汉末年机械提水工具有了重大的突破。据《循汉书·张让传》，汉灵帝时毕岚"作翻车、渴乌，施于桥西，用洒南北郊路"。东汉服虔《通俗文》也谈到了"水碓翻车"。唐李贤注《循汉书》曰："翻车，设机车以引水；渴乌，为曲筒，以气引水上也。"翻车系机械提水工具，渴乌当是虹吸管一类工具，但当时都是用于冲洗街道。三国魏明帝时，巧工马钧又改制翻车，始用于菜圃浇灌，实为后世水车之滥觞。

三国两晋南北朝时期的农具

三国两晋南北朝时期农具发展的基本特征是：适应旱地作业和水田作业的农具体系已初步形成，其中的主要作业机具，特别是用于大田作业的耕播、植保、收割、加工机械，机型结构已基本成熟，多处于定型阶段。为适应农业加工精耕细作的要求，各类农具的品种更加多样化。自然力在农业机械上的广泛应用，是这个时代农业机械发展和进步的最重要表现。

科技水平的综合发展，特别是机械工程及冶铁技术的不断提高，促进了农具制造技术及内在质量的提高和进步，在这个时代里，除合金铸铁之外，

耧车

几乎所有生铁品种都已发明。考古文物证明，这个时代的许多农具所用的材料都是可锻铸铁和展性铸铁，有的农具还使用了低硅灰口铁和铸铁脱碳钢。还有一些要求刃口锋利的农具，进行了渗碳硬化处理。当时发明不久的"灌钢"技术，虽然不太成熟，但是已用于农具制造。

三国两晋南北朝时期，农业加工已全面进入牛拉耕犁进行犁耕的阶段，耕犁结构已日趋成熟。发明了与耕犁配套作业的钉齿耙、水田耙（耖）、耢、挞、陆轴（碌碡）等，碎土平田保墒的农具愈加成熟，应用更为广泛。

除主要用于井灌的桔槔和定滑轮机构（滑轮式辘轳）之外，正式发明了用于河湖坑塘灌溉的龙骨车。

谷物加工工具，除连枷、杵臼、踏碓、水碓、碾、手摇石转磨、畜力石转磨之外，由水作动力的各种谷物加工工具得到进一步发展。

镢、锄、铲、锸、锹、耰、铚、镰、钹镰、窍瓠及多齿镢、鹤颈锄等完全定型，并不断扩大品种和使用范围。

耧车完全定型是这个时代农具发展进程中最辉煌的成就之一。结构先进、操作方便、具有立体机械型体的耧车，从这个时代开始正式登上历史舞台，在中国辽阔的国土上使用了 2000 多年之久，甚至在现代化农业机械林立的今天，仍不乏使用者，这是中国农具史的骄傲，是中国机械史的骄傲，也是中国的骄傲。三国两晋南北朝时期的农具史资料，有三个方面的来源：一是考古文物，二是文献资料，三是图像资料。对于第一个方面，与前代相比没有什么不同的特色。而后两个方面与前代相比，却有独到之处。对于第二个方面，前代从文献资料所见的农具，多是散见于各种不同的文学、哲学、史学等各种非农学著作的文献中。而三国两晋南北朝时期的许多农具，却可以从这个时代的农学专著《齐民要术》中看到它们的有关内容。第三个方面则是可与汉代画像石媲美的、独具三国两晋南北朝时期特色的石窟壁画和墓室壁画。这些图像资料和文字资料与出土文物互相印证，为研究农具发展史、农具技术史提供了许多方便，为历史做出了特殊的贡献。

隋唐五代农具

隋唐五代时期由于政治的统一，全国耕地的扩大，特别是在农业、手工业发展的情况下，农业生产工具也有了一定的发展，出现了许多新式农业机械。由于农业生产工具与农业的发展，劳动人民通过辛勤的劳动，为隋代社会创造了大量的财富。在隋代农业生产工具的基础上，唐代的劳动人民就此再向前推进了一步。唐代农业生产工具的创造发明与改进提高，主要表现在耕垦农具与灌溉农具的发展两个重要方面。农业生产工具的进步，又必然反过来促进农业的发展。唐代农业的发展，也反映在农业人口和垦田面积的不断增加上。据统计，唐中宗神龙元年（公元705年）全国约有615.6万户，到了唐玄宗天宝十三载（公元754年）就已经达到906.9万多户了。随着农业人口的增加，农业生产工具的发达，垦田面积也随之扩大，到处呈现了一片农业"昌盛"景象，"开元（公元713—741年）、天宝（公元742—756年）之中，耕者益力，四海之内，高山绝壑，耒耜亦满。"

 知识链接

汉代犁以外的翻土农具

除犁以外，钁和锸等铁制翻土农具也还有较为广泛的应用。铁钁出土数量很大，如辽宁抚顺出土有西汉初期铁钁60余件，形制与战国时期铁钁差不多，主要有长条形直銎和长条形后部带方銎两种。《释名·释用制》："（钁），锄也，主以株除根株也"。可见，铁钁在汉代农具中仍然保持着重要地位。

锸的发现也较多。主要是铁口锸，有"凹"字形弧刃或尖首的，也有一字形平面锸。长沙马王堆三号汉墓出土一件完整的凹字形铁口木锸，锸面左肩较右肩宽而稍低，并多出一块三角形踏脚。汉代的耒和锸已完全合流，《说文》即以"锸"训"耒"，耒则演变为锸（或耒）的特化形式。锸在汉代兴修水利取土时发挥了很大的作用，故有"举锸为云，决渠为雨"之民谣。

锄的形式，西汉与战国末期相比，变化不大，使用方式则有伛偻和立偻两种。

第三节
中国农具的巅峰与停滞时期

宋元时期农具

我国古代的农业生产工具，到了宋辽金元时期得到了更加成熟的发展。

北宋社会经济的发展时期，首先表现在农业生产的恢复与发展。宋代陈旉《农书》中曾说，以"种无虚日，收无虚月，一岁所资，绵绵相继"，改变先前的"休耕"方法。宋初，劳动人民大力垦荒、研究土质、讲究耕作方法，开垦土地的面积逐渐得到增加。长江以南的福建、江西、湖南一些多山地带，被垦辟为山田。千千万万劳动人民在那里"缘山导泉"，"山耕而水莳"。宋代的农业生产工具，较之唐代不仅其质量得到不断地改进，品种也有一定的增加，而且一些前代已发明的农业生产工具得到进一步的推广。

宋辽金元时期，黄河流域的农业生产虽曾一度遭到比较严重的破坏，但由于各族人民的经济文化的友好往来和生产斗争，长江、闽江、珠江等流域的农业生产仍然得到一定的发展。宋辽金元时期的农业生产工具获得比较全面的发展，可说是盛况空前。如后魏贾思勰的《齐民要术》记载的农业生产工具只有 30 多种，而元代王祯《农书》里所记载的竟达 105 种之多。王祯《农书》介绍农业生产工具的是卷十一至卷二十二，附图竟达 306 幅。将农具分为 20 门，每门又分若干项，计 259 项。其中主要农业生产工具有：

耒耜门，耕牛、犁、耙、耖、劳、挞、耰、磟碡、砺礋、耧车、砘车、瓠种、耕槃、牛轭、秧马等；

镋耰门，锋、长镵、铁搭、杴、镢、铧、鏺、划、劐等；

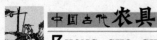
钱镈门，耨、櫌锄、耧锄、镋锄、铲、耘荡、耘爪、耥马等；

铚镈门，镰、推镰、粟鉴、镖、钹、䥽刀等；

杷扒门，平板、田荡、辊轴、秧弹、权、笐、乔杆、禾钩、搭爪、禾担、连枷、刮板、击壤等；

杵臼门，踏碓、硐碓、砻、碾、飏扇、䃺、连磨、油榨等；

灌溉门，翻车、筒车、架槽、戽斗、桔槔、辘轳、石窦、石笼等；

利用门，潴铧、卧轮水轮、水排、水轮三事、水砻、水轮连磨、水击面箩、漕碓、机碓等；

麰麦门，麦笼、捃刀、拖杷、麦钐、麦绰等。

在这105种农具当中，少数是早已绝迹的，多数是起源很早，后来逐步经过多次改进，还有不少是这一时期的新发明创造。如踏犁、䥽刀、秧马、卫转翻车、水轮三事等，比较集中地反映在耕耘、栽种、灌溉、收割、加工等几个方面。这些新式农业生产工具，出现了更多更广泛地运用机械原理和机械原件。元代的䥽刀是我国犁的重要发明，甚至在世界各国农业生产工具发展史上也都占有一定的位置。许多国家在犁耕中，后来都采用了类似元代犁刀的部件。

铁搭

明清时期农具

在宋元时期，我国的传统农具已基本定型；明、清只是在这基础上略有改进。明、清大型综合性农书《农政全书》、《授时通考》的农具部分，基本上没有超越王祯《农书》中《农器图谱》的范围，可见明、清基本上是沿用宋、元的农具。有所创新的多是适应个体农户小规模经营的细小农具，如手摇小型水车——拔车，南方丘陵山区整治水田田埂用的塍铲、塍刀，种双季稻整地用的䎬篰，稻谷脱粒用的稻床，北方旱地中耕用的漏锄，捕黏虫用的滑车等。适应耕作的精细化，出现了分别适用不同土壤和耕翻目的的大小不同的犁。《农政全书》卷十三《水利》载元任仁发《水利问答》，谈到浙西治水工具有风车。这种风力水车明、清时传至湖南、江淮和北方沿海若干地区。这在农用动力上是一大进步，但并没有真正推广。甚至王祯《农书》早有记载的一些大型高效农具，明、清时反而罕见了。由于牛力不足，有些地方退回人耕。明代还有使用人力耕架的记载，亦渊源于前代。唐代王方翼为夏州都督时曾"造人耕之法，施关键，使人推之，百姓赖焉"。明成化二十一年（1485年）李衍督陕，因连年旱灾耕畜缺乏，遂研制"木牛"。嘉靖二十三年（1544年）郧阳府牛瘟，欧阳必仿王方翼遗制，造人耕之法固。据明王徵的《代耕图说》，此类人力代耕机械应是绞动辘轳以牵引耕犁工作，虽然是当时一种巧妙的创造，但是在使用动力上不能说是进步，而且在小农经济条件下不可能推广，只是在灾荒牛疫情况下的应急措施。总之，明、清时已失去两汉或唐、宋那种新器迭出的蓬勃发展气象。这是由于传统农具的发展已接近小农经济所能容纳的极限，同时劳动力的富余又妨碍了人们改进工具提高效率的努力。

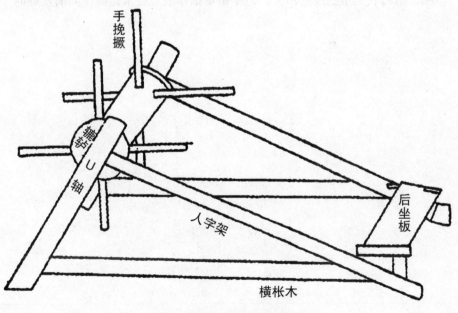

代耕（采自《新制诸器图说》）

宋代铁矿锄

明、清时农具真正有意义的进步不在于种类的增加和形制的变化，而在于铁农具制作技术的改进。明中叶以后，锄、锹、镘、镰等小农具一般采用"生铁淋口"方法制作。《天工开物》卷十《锤锻》云："治地生物用锄，铲之属，熟铁锻成，熔化生铁淋口，入水淬犍即成刚劲。多锹锄重一斤者，淋生铁三钱为率。少则不坚，多则过刚而折。"用这种方法制作的农具，不需夹钢打刃，制作方便、省时、成本低而又耐磨、韧性好、锋刃快，经久耐用。但这种方法只适于制作小农具，犁铧仍需生铁铸造，铁搭、犁刀等仍需夹钢锻打。故"生铁淋口"技术的发明虽然也是我国铁农具制作的一次改革，但是其范围和意义不及可锻铸铁农具和熟铁钢刃农具的推广。不过，用这种方法制作价格比较低廉的农具，正适合小农经济的需要，其作用不可低估。

明、清时农具虽然改进不大，但是精耕细作农业技术是继续向前发展的。

古代整地农具

　　整地是为了给播种后种子的发芽、生长创造良好的土壤条件。整地农具包括耕地、耙地和镇压等项作业所使用的工具。在原始农业阶段，最早的整地农具是耒耜。先是木质耒耜，稍后又发明了石耜和骨耜，以后又有石铲、石锄、石镬，铁制的耒、锸、犁铧、锄、镘、耧犁、耱、耙、曲辕犁、碌碡等。

第一节
早期整地农具

 原始整地农具

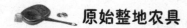

1. 原始的起土及翻土农具

最初开垦，用火焚烧丛木杂草以后，或熟种的农田，当一季农作物收获以后，均须用一定的起土及翻土工具加以疏松整理，方能进行播种或继续播种，这是经营农业的第一步，我国古代在这方面的原始发明和应用，大致可分为石制、骨制及木制等几类。

2. 石制、骨制的原始起土及翻土农具

在新石器时代，人类已由采集狩猎经济进入生产经济。在生产经济中，除畜牧业以外，最重要的是农业。在原始社会中，农业生产最重要的是起土翻土工具，所以在旧石器时代长期使用打制石器的基础上，发展出大量的磨制石器。在起土翻土工具方面，考古学家获得了不少出土的此类农具。考古学家称为"石铲"、"骨铲"及"石耜"等，同时也可以做一定的中耕除草工作。

石铲

河南陕县庙底沟出土仰韶文化时期（约五六千年前）的四种石铲，陕西宝鸡出土仰韶文化时期的石铲，并试加以绑柄。山东滕县十字河出土龙山文化时期（四五千年前）的石铲，背部或具有琢打的粗糙面，两边或具有便于绑缚的凹陷面，甚至具有一孔，都似为便于绑缚或安装木柄之用；河南新安玉梅水库出土商代的石耜，中间具有一凸棱。

这一类工具，虽然有着不同的考古命名，但是就各地出土数量之多和当时社会在农业上迫切需要的情形推断，似乎都是在背部装上一个木柄用来起土翻土的，就功用说，和现代仍在沿用的铁锹差不多。

3. 木制的原始起土及翻土农具

在原始起土翻土的机械里边，除了前段所说石制和骨制的一类以外，还有木制的一类，即尖头木棒、耒和耒耜。

孙常叙先生在他所著的《耒耜的起源及其发展》一书中，认为我国原始起土翻土的机械，在耒耜之前应先有尖头木棒一种，因为木质的工具不能保存很久，所以没有出土的实物给我们证明，这种说法没有具体的根据。但是由想象推之，原始人类在一定的时期以内，极可能利用过由树上扳下来的木棒作为种种合于杠杆原理的工具，其中断裂的一端如果具有倾斜的形状或者说是具有合于尖劈的形状，就很自然的可以利用它来翻掘土壤。按机械的观点来说，完全是用手力下掘，再由杠杆的作用，一手担任支点，另一手下压，就能把所掘的土壤翻上来。用这样尖头木棒以起土翻土，效率低下，第一步的改进是在距尖端不远的地方加上一个短横木，工作时用脚来踏它，使木棒的尖端易于深入土壤，这样就能够利用一部分下肢的力量和一部分身体的重力，以帮助手和臂膀力量的不足，效率比以前有所提高，结果就成为我国古代文献中所说的"耒"了。

甲骨文里边的力字写作"ヒ"或"ナ"，似乎就是这种原始农具的象形字，耒和累同音，因之也可能就是耒字的"初字"。

第二步的改进是把下端安装上一个平板形的木板，或使木板的尖端改为两条长板形，并使具有薄刃，不但使它更容易入土，且使每一次翻掘的幅度较宽，这样就成为我国古代文献中所说的耒耜了。

具有两条长板形的木耜，晚近考古家们叫它们为"双齿木耜"。我国古代文献中有关耒、耜或未耜的记载是很多的，如《礼记·月令》《世本·作篇》《盐铁论》等。根据这些文献的年代看，我们应该知道：只提到耒的记载，当时未必没有耜；只提到耜的记载，当时更是一定有耒，甚至在战国以后直到唐代，在文字上虽说只提到耒，当时已经早有了犁，又在所有这些资料中，都没有提出耒有单齿双齿的区别。

《新中国的考古收获》一书中提到：（1）发达的锄耕农业是龙山文化的主要经济部门，生产工具……还制造和使用了年月形石刀、石镰、蚌镰、骨鎞以及木耒等新型的工具；（2）属于龙山文化时期的河南三门峡庙底沟遗址中，"第一次发现了使用双齿木耒所留下来的痕迹"；（3）属于商殷时代的农业生产工具，"在一些窖穴的壁上常常发现有双齿木耒的痕迹"。在汉代武梁祠石刻中，神农和夏禹的像也都拿着具有双齿的耒。

新石器时代整地农具

1. 石斧、石锛、木棒

农业是从对土地进行耕作开始的，而耕作的农具就是整地农具。原始农业的耕作方式，最初为"刀耕火种"阶段，其步骤是先用石斧、石锛砍倒树木，芟除杂草，在晒干以后放火烧光，再用尖木棍或竹棍锥地成眼，点种作物，就以草木灰烬作肥料。在新生杂草尚未长成前，抢种一季，明年又另觅他处，待住处附近土地轮作完毕就迁新居。这种耕作制度称为"生荒轮作制"。在中国传说中称古代"教民耕农"者神农氏为"炎帝"，号"列山氏"。"有烈山氏之子曰柱，为稷。自夏以上祀之"。"烈山"就是放火烧荒，"柱"就是锥地点种的尖头木棒，"稷"就是中国古代的食用作物粟。以上所述，实际上概括了刀耕农业的全过程。此时，石斧、石锛用于砍伐，斧是由旧石器时代的手斧或砍砸器发展而来的。斧与锛的区别是：斧的刃面与柄平行，多用于砍伐树干；锛的刃面与柄垂直，多用于挖掘树根，虽未直接用于整地，但为进行烧荒、点种创造了条件。故斧、锛仍属农具范畴。到耜耕阶段之后，石斧才专作兵器或加工工具使用，石锛则发展成为石镬、石锄，为重要的整地农具。木棍锥地成坑，既是整地农具，又是播种农具。这里要指出的是，

"刀耕火种"与"火耕水耨"一样，从技术上看，它是落后的，但从历史发展上，它是一定社会经济条件下的必然产物，在当时对生产的发展起过积极的作用。"刀耕火种"在北方、西南山区，"火耕水耨"在南方湖滨地区，保留得最长久。当平原地区进入耙耕、犁耕之后，上述地区的个别地方，到现在仍保留这种耕作方法。

刀耕农业之后，就是耜耕（或锄耕）农业阶段。本节所提到的各种农具，都是从这时才开始出现的。这里首先介绍整地农具。

2. 木耒

耒与耜是尖头木棒的进一步发展。关于耒、耜的材料及制作，《周易·系辞下》记载："神农氏作，斫木为耜，揉木为耒，耒耨之利，以教天下，盖取诸益。"可见，耒是将尖头木棒进行揉曲，耜是利用工具斫木成块而成，为了便于着力，再在其弯曲之处安装一横木，操作时脚踏横木，手压耒上端，入土、翻土都省力。

3. 石耜

与耒几乎同时出现的整地农具是耜，从出土实物看，多为石耜，也有木耜、骨耜、蚌耜，其形制、规格虽不尽一致，但作为长方形扁平状物则大体相似。木材质地粗松，在北方黄土地区及河流两岸冲积平原尚可适用，而在南方水田黏性土壤地区则以石、骨、蚌等质坚材料为宜。如河姆渡遗址的骨耜，数量大，做工细，材料多为在偶蹄类哺乳动物（多数为水牛）的肩胛骨中磨出纵线槽，槽侧各有一圆孔，以便贴紧木柄，扎捆牢固。

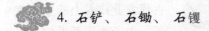

4. 石铲、石锄、石镬

与耜相类的农具称"铲"，其名称未见于先秦文献，秦汉起始有记载，但解释为削平之用。在出土文物发掘报告中当作挖土工具定名的石铲、骨铲、蚌铲、木铲，实际上就是耜。有的农学著作因从俗将器身扁平而刃部较平直或微呈弧形的挖土工具称为"铲"，而将刃部较尖锐的则划入耜类，略加区别。

锄与镬都是整地、挖土工具，乃从锛发展而来，刃部宽者为锄，刃部窄者为镘。其与耒、耜不同之处，在于它们是横斫式着力，木柄与刃面垂直，操作时双手高举，利用向下的冲击力刺入土，间歇式边耕边前进。而耒、耜乃直插式着力，木柄在刃部上端，操作时足蹢手压，间歇式边耕边后退。一般而言，锄、镘以及同类农具铁搭等均刺土较深，着力点的针对性强，其作用是犁所无法取代的，且其制造成本低，小农负担得起。故自古到今，一直与耒、耜、犁并行使用。从出土文物看，在新石器时代末期及商周时期就有大量石锄、木锄、蚌锄、石镘、鹿角镘等。

5. 石犁

石犁的出现是中国农业机械史上的一件大事。石犁出现的时间是新石器时代末龙山文化时期、良渚文化时期，以及商周时期；地点多在长江下游江南地区，特别是太湖周围一带，少数在华北、东北地区；材料多为片状页岩，形制特征多为尖角40°~50°的等腰三角形（个别大至75°），长度20~30厘米（个别长至60~70厘米），中部有直线或三角排列的2~4个孔，前锋尖锐，后端稍厚（1~1.5厘米）。

此时的石犁是由人力牵引沿水平方向连续运动的松土工具，其上下夹以木板，只露刃部，以免因质地脆弱而折断。后世呈等腰三角形及等边三角形两种形状不同的铜、铁犁铧，都是从当年的窄式与宽式石犁发展、演变而来的。

与石犁同时出现的有"斜把破土器"，体形呈三角形，底边为单面刃，顶有一斜向把柄，可与木柄相接。器身一般钻有一孔，以便穿绳后绑住木柄与斜把柄向前牵引，在水田开发中，进行开沟破土。

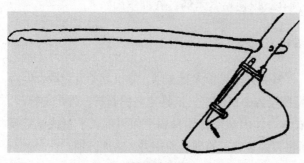

斜把破土器

石犁的出现，是我国古代农业技术上的重大改革。由于水田开发中，耒耜不能胜任沼泽地的排水、除树根工作，而石犁及破土器便于开沟，正好满足其需要，因此石犁及破土器的出现地点主要在江南湖滨地区。但在古代，石犁的使用范围不广，在农业生产中所起的作用不大，只是"刀耕"与"耜耕"两个阶段中出现的局部现象，不能构成一个"犁耕"阶段。

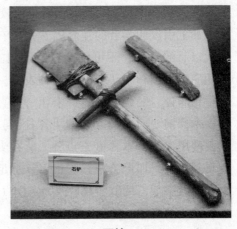

石铲

近年有人从力学的角度对石犁进行了测试与计量分析。按石犁形制分成三种类型，即大型（长度35厘米以上，底边宽25厘米以上）、小型（长度12厘米以下，底边宽7厘米以下）、常用型（长度12～35厘米，底边宽

20厘米）；按孔的多少分成"无孔""单孔""多孔"三大类。经实验、测算表明：凡属大型、小型、无孔、底边两孔间距离大于10厘米者，均因牵引力过大，耕作深度过浅，在耕作中无实际使用价值。只有长度一般在15～25厘米，底边有一定宽度，一孔或数孔成一字排列，底边处两孔径间距离小于10厘米者，方在耕作中有实际使用价值。因此，大型、小型石犁究竟作何用，还不清楚，有待于今后作进一步研究。

耒耜的演变

耒耜的使用，上溯"神农"，下延秦汉，垂数千年。耒耜是什么样的农具？《周易·系辞下》记载："神农氏作，断木为耜，揉木为耒，耒耨之利，以教天下。"

汉代学者京房注："耜，耒下耜也；耒，耜上句木也。"郑玄注《礼记·月令》则说："耒，耜上曲也；耜，耒之金也。"后世学者多沿其说，把耒耜当作同一农具的不同部件。近人以文献、考古、古文字、民族志材料相结合研究耒耜，取得不少成绩，但认识仍有分歧。如徐中舒倡耒耜异器说，认为耒下岐头，耜下一金，分别是仿树枝式和仿木棒式工具；杨宽认为耒是尖刃器，耜是平刃器；孙常叙则认为耜是依附于耒的"锹头"。其实，在使用耒耜为耕具的漫长岁月中，它的质料和形制不会一成不变，用发展的眼光来观察，耒耜分合嬗变之迹就会看得比较清楚，这有利于克服认识上的片面性。

如上引汉代学者的注释固然是很有根据的，但它显然是反映了进入金属时代以后的情形，不可以此论定耒耜的原始形式。细揣上引《周易》文意，耒耜应为形制和制法不同的两种农具。这从民族志、考古发现和文献中都可以得到印证。民族志表明，耒耜一类直插式农具是从原始人采集、点种用的尖头木棒演变而来的。如四川省甘洛县的藏族（自称"耳苏人"）在营农之初曾使用尖头竹木棒戳土点种，后在尖头木棒上安了扶手，使戳土得劲，由此得到启发，加上一根踏脚横木，手足并用发土，遂成木耒。由于直耒操作费劲而效率低，反复实践后改为弯柄（内角约130°），这就是斜尖耒，耳苏人现在使用的脚犁，即是由它发展而来。甲骨文中的"ᲧᲧ"、"乂"（力）字就是斜尖木耒的形象。甲骨文中又有"𠃌"（方）字，则是夏、商时相当流行的双尖木耒的形象，在民族志中也能找到它的痕迹。但尖头木棒也可以向另一方向发展，把下端削成扁平刃，是为锸；如加上踏足横木，则成耜。如西藏珞巴族的青杠木耜，长约120厘米，刃片呈叶形，长约40厘米，宽约15厘米，正面平直，背面圆凸起脊，其上有一脚踏横木，柄端有手握的横梁。这是一种整体性工具，显然不能认为是安在耒柄上的"锹头"。这种木耜的遗物，考古也有发现。如河姆渡遗址第四文化层出土的"木铲"，刃片较窄，两侧及刃部薄，中间较厚，后部有柄，很可能是绑在脚踏横木上使用的，实际上是木耜。该遗址的第二文化层还出土了一件仿骨耜的木耜冠。故《考工记》说："坚地欲直庇（直尖耒），柔地欲句庇（斜尖耒），直庇则利推（入土），句庇则利发（翻土）。"讲耒只言其长，不言其宽，显然是尖锥式农具。但同书讲"匠人为沟洫，耜广五寸……"则只言其"广"，可见耜是有一定宽度的扁平刃伐地起土农具。总之，原始耒和耜是两种形制不同的工具，耜扁平刃，故加工在砍削；耒尖锥刃，砍削较易，但斜尖耒柄要有一定弯度，常需借助火烤。这大概就是"断木为耜，揉木为耒"的真谛。

但木质耒耜在原始时代并没有获得很大发展，人们用石片、骨片、蚌片代替了木质平刃，纯木质耜于是演变为复合工具。考古发现的所谓"石铲"、"石耜"、"骨铲"、"骨耜"和"蚌铲"等，绝大多数实际上是绑在木柄上的复合耜的刀片。进入青铜时代以后，木质耒耜在一定时期内有一个较大的发展，金属耜亦已出现，不过金属耜全面代替木质耜当在铁器推广以后。当耜发展为复合工具，尤其是刃部施金以后，习惯把入土的刃体部分称为"耜"。如《国语·周语》"野无奥草，民无悬耜"，韦昭注，"入土曰耜"。这种"耜"实际上是可以脱离耜柄的金属刃部。而原来的耜柄则因形状相类而被称为"耒"了。所谓"耒，耜之上曲也；耜，耒之金也"之类说法就是这样出来的。古文献中言"耜"者，或专指刃部，或概称全器，在后一种场合下，"耜"也可以称为"耒耜"。总之，耒和耜称谓的分合变化是与其形制和质料的发展、变化相关的。

在这里，还要谈谈耜和锸的关系。《说文》："耜，臿也。"《淮南子》高诱注也训耜为锸。耜、锸似乎是一物。其实它们是有区别的：耜和耒一样有踏脚横木的，而锸则无。在使用石质、骨质或青铜耜刃的条件下，耜的刃宽一般较窄。《考工记》谈到"耜广五寸"；周尺1尺合今23厘米，5寸合今11.5厘米。考古发现的石质或铜质耜刃的宽度，正在此数上下，或比这稍窄。因为石质厚重、青铜贵重，耜刃不可能太宽。安上木柄后，两边余地不多，难以踏脚，故需另绑上一根可供踏脚的小横木。这种情形，只有铁器逐步推广以后才能有较大的改变，在采用了铁刃以后，铁刃可以比石刃、铜刃加宽变薄。由于刃部加宽，又可以取消脚踏横木，以方肩为踏脚之处。这样，耜就实际上变成锸了。从民族志和考古学材料看，最初的锸是木锸，后来有铜锸，但数量不多，很少用于耕翻。只有用铁武装起来以后，锸才作为插地起土的工具广泛用于农业生产和兴修水利。而耜、锸合流，成为后世铁锹的祖型。正是在铁器逐步推广的春秋战国时代，锸见于文献多了起来，而耜、锸也可以互相通用了。

耒耜除了向锸（锹）发展外，另一个发展方向是演变为犁铧，在很长时间内，犁铧还沿用着"耒耜"这一古老的名称。如唐代陆龟蒙记述江东犁的农书，仍然叫作《耒耜经》。

总之，耒耜在我国农业发展史上占有特殊重要的地位。它起源甚早，使用范围很广，使用时间很长，我国后世一些主要铁农具如铁锹、铁犁，均可溯源于耒耜。耒耜在我国上古时代之所以被广泛使用，与我国主要农业起源地之一黄河流域的自然条件有关。黄河流域绝大部分地区覆盖着原生的或次生的黄土，黄土由极细的土砂组成，疏松多孔，土层深厚，土层形成柱状节理，而且平原开阔，林木较稀，极便于在使用简陋的工具的条件下进行垦耕，

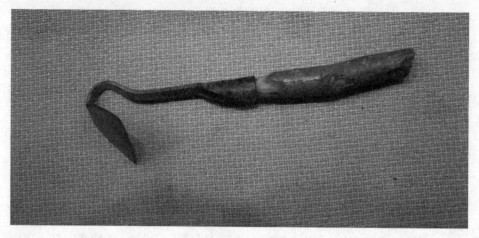

古代农具——锄

手推足跖式发土的耒耜在这里能充分发挥它的作用。我国先民在主要使用耒耜的情况下垦辟了大规模的农田，奠定了进入文明时代的物质基础。在进入文明时代以后，又使用耒耜修建了大规模的农田沟洫体系。耒耜制、沟洫制、井田制"三位一体"，构成中国上古农业的主要特点，同时也是中国上古文明的重要特点。

　知识链接

耒耜是谁发明的

据古书上说，耒耜是神农氏创造的，他除了创造了耒耜外，还尝百草发现药材，教民治病。又有古书上说"垂作耒耜以教民"，耒耜是垂创造的，他还创造铫等中耕除草农具。垂是神农氏的臣子，神农氏和垂都是远古时期传说中的人物。关于神农氏，各种书上的说法也不一致。有的古书认为神农氏就是炎帝，而炎帝是姜姓部族的首领，曾被黄帝打败。有的古书认为神农氏是另外一个人，与炎帝无关。

第二节
整地农具——北方旱地

翻土开地——旱地犁

整地农具是农具中最重要的类型，整地农具中最重要的是耕犁。中国畜力耕犁因其犁架呈框形，故称为"框形犁"。最早的新石器时代的石犁，以及商、西周、春秋的铜犁，战国时期的铁犁，其最大的特点为在畜力（或人力）牵引下，入土后与地面平行，作直线连续性前进，虽只起松土作用，但比之锄、镬、耒、耜，无论质量、效率均大有提高。汉代出现犁壁，从此犁头不仅能松土，且能翻土、成垄。

1. 犁头

犁头，指犁铧与犁壁。汉初，铁犁形制与战国时期相仿佛，其犁铧上口窄，两侧铁叶短，犁锋角度大，它只起破土作用。汉武帝时期起，才起较大变化。陕西关中地区汉代铁制农具甚多，其中犁具数量很大，并有全铁大铧、小铧、犁冠、犁镜及巨型犁铧等不同形制品种。

在垦耕中起主要作用的为舌形大铧，呈舌刃梯形，平均长 32 厘米，后宽 32.5 厘米，平均重量 7.5 千克，前端呈等腰，舌形，锐角，上面突起，下面板平，前低后高，中部有微高的凸脊，后边有纳木犁头的等腰三角形。还有一种形制较大的巨形大铧，平均长 38.3 厘米，后宽 36.3 厘米，重量一般 9 千克，最重达 15 千克。

石犁

巨铧古称"铃铺""浚铧"，用作"开田间沟渠及作陆堑"，在汉代已普遍使用与上述两种铧同时出土的有"V"形铧冠与犁壁。"V"形铧冠有的套合于铧的尖端，有的单独存放。这说明从汉武帝朝起已能根据不同需要，使优质可锻铸铁发挥最大作用。犁壁又称"鐴土""犁耳""镜面""翻土板"等。其装于犁铧上方，与犁铧后部共同组成不连续曲面。这时，犁壁旁向的弯扭度小，土垡被犁壁向上、向前推挤，到一定程度折断，向前、向右方翻转倒下，其垡条是断续的。与西洋的连续垡比较，其耕深受耕宽的限制少，一般耕深可以大于耕宽。另外，在低速条件下，也可达到碎土成垄的要求。按其形制与作用，汉犁壁分两大类：一类为菱形、瓦形、方形缺角犁壁，平均长45.8厘米，宽23.1厘米；另一类为马鞍形犁壁，平均长18.3厘米，宽20.8厘米。在行进时，菱形、瓦形、方形缺角犁壁一侧翻土，马鞍形犁壁两侧翻土。上述铁犁壁在中国西汉武帝朝（公元前140—前87年）就已出现。犁壁的出现，大大提高了整地质量，使耕犁不仅能松土，而且能翻土、成垄、除草、灭虫，从而改善土壤中气、水、肥状况，便于作物吸收，为其成长创造良好条件。欧洲在18世纪以前，只知使用直面木质犁壁，壁与铧不能紧密贴合，常夹带草土，拖动费力，一直到18世纪初，才开始使用曲面铁犁壁。

上述的舌形大铧（或巨形犁铧）与"V"形铧冠、犁壁三者配套，合成一件高效能的整地、开沟农具。与舌形铧、巨铧等同时出土的还有小铧，三者同时并存，可见其作用有别。小铧的平均长度为17.3厘米，后宽15.1厘米，前宽6厘米。按其尺寸，显然不能与出土的铧冠、犁壁配套使用，而无壁小铧，只能破土、松土，不能翻土，只用以中耕除草或划沟播种，古称为"鑺"，又称为"剗""秮子"。与小铧同时出土的有铁口锄，二者配合，表明其为拉、蹠两用。

这里要指出的是，耕作中使用舌形或巨形大铧，只是关中地区出土的材料。西汉时的全国广大地区，如河南、河北、辽宁、内蒙古、山东、山西、江苏、贵州等省区的出土材料，仍以使用"V"形铧冠为主，到东汉后情况才有所变化。

2. 犁架

犁架结构由床、梢、辕、箭、衡等五大部件组成，到汉朝已基本具备。

犁床又称"犁底"，是关键部件之一。它是平贴地面的长方形木条，是犁铧导向装置，前与犁鑱同向相接，后与犁梢成钝角相接。在动力牵引下，推动犁铧插入土中，连续不断地破土、翻土。犁梢来源于耒，犁床即耒部前曲部分的发展。到汉代，犁床与犁梢多数已明显分开。

犁箭，最初是连接辕、床以使犁架牢固、不易松散的部件。后发展才成为兼能控制犁头入土深浅的部件。西汉武帝末年，赵过行代田法时，乃二牛三人，其中有人专门扶辕，以调节入土深浅，可见此时犁箭只起稳固犁架作用。最晚到西汉末，犁箭已能调节犁头入土深浅。犁辕是前接犁衡（从而连系动力源——牛体），后接犁梢，从而连系工作机犁架的传动部件。汉代多为单长直辕（二牛），到魏晋后出现双长直辕（一牛，多牵引用于中耕除草与耧脚播种），并出现短辕（"柔便"之"蔚犁"）。

3. 犁式

耕式，即牵引方式。整个牛耕系统为一完整的机械装置，前述的犁头、犁架均属工作机部分，犁式则包括动力（畜力头数）与传动部分（包括犁辕形状及设置）。用畜力为动力，是从简单农具进一步走向机械化的重要标志。它有二牛与一牛两种情况：西汉至北宋，二牛耕田与一牛耕田是同时并存的，但总的趋势是二牛者日少，一牛者日增。直到现在，在北方地区尚残存二牛耕田，少数民族地区则多用二牛耕田，汉民族地区则已广泛使用一牛耕田。

二牛耕田的牵引方式，一般采用"二牛抬杠式"，即犁辕（一长直木杠）后接犁梢，前接犁衡。犁衡是一直木棒，与辕垂直交接，交接处有一三叉戟联搭，以适当调节两不同挽力的牛在行进中的负担，使犁平衡前进。二牛抬杠式始见于赵过行代田法之后，它与使用畜力及大型犁铧相联系，成为生产力发展的重要标志。犁衡缚于牛角称为"角轭"，后普遍成为肩轭，从而大大减轻了牛力。综上所述，可见到汉武帝朝时，耕犁就犁头、犁架、犁式三个重要组成部分来看，都已初步定型，实现了从耒耜到犁的根本转变。而这一转变，是从赵过施行代田法、广耦犁开始的，古人有称牛耕始于赵过，盖指此意。

到了魏晋南北朝时期，耕犁发生了一些变化。表现在犁头上，西汉犁铧多为等腰三角形，多宽扁，以后多为牛舌形，多狭长，以适应一牛耕田及耕泥泞田的需要。北魏年间在山东地区针对长辕犁在山涧丘陵地区回转困难、操作费力的情况，当时已发明"柔便"之"蔚犁"。在汉魏墓壁画已有一牛耕田图像，可见在当时已出现犁梁、套索的一牛耕田犁式。当前对三国木牛流马文献研究中，有的学者认为那时车辆中已使用套索、套盘牵引，也可作为在耕犁中使用套索、犁槃的旁证。

田间开沟——锸

锸是最古老的农具之一，有"禹执畚锸，以为民先"之说。锸是由双齿耒发展而来，而不是由耒耜演化而来，所以早期的锸不属耒耜类农具。早期的锸是木制单体式农具，发明金属后，大部分锸增加了金属套刃，变成为复式农具。

锸的基本形制有两种。一种是单刃式，整体像一只木桨，头部与柄部的比例较大，占全长的 1/3～2/5。前端可套以"凹"字形套刃或"一"字形套刃，是后代铁刃木锹的元祖；也可不装套刃为纯木式。另一种为双刃式，即头部成两股，每股上各套一只套刃；也可两股合套一只较宽的套刃，整体看去仍像一只木桨，只是中间留有空隙。单刃式锸是由双刃式锸合并发展而来。这种锸主要盛行于春秋战国至秦汉时代，后代使用逐渐减少，锸头逐渐演变为整体铁板式，越来越与锹相似，只是与锹比较，锸的头较长较窄。《王祯农书》所绘的锸图，锸头过宽过短，更有些像锹了。

锸是整地农具之一，主要用于田间开沟，自古就是水利工程常用的工具。王祯有诗曰："有锸公也私，与畚曰为伍，荷去应官徭，归来事田圃。起土作堤防，决渠沛霖雨，但恐农隙时，又趁挑河鼓。"非常生动地描述了锸的历史作用。

42

《王祯农书》没有介绍锸的具体结构，只是说："盖古谓之锸，今谓之锹，一器二名，宜通用。"所以在《王祯农书》的《农器图谱》中，没有再将"锹"列目，也没有绘制锹的图谱。在王祯看来"锹"就是"锸"。显然这个认识是不完全正确的。锹的某一种形式可以称为"锸"，但锹自身又有其自己的发展规律，"锹"和"锸"是异体字，古时又写作"庇""铫"。由两个路径演化而来：一是来源于耒耜类一柄一头式农具；二是来源于双齿锸单体式农具。所以说"锹"与"锸"有着密切的关系，但不能说它们就是完全相同的农具。

《王祯农书》还列举了锸的一些别名，如削、鐉、吞、镚、枭、庇、圬锹等。这样不分时代、不分地域地列举一串农具的别名，是不科学的、不确切的。中国地域辽阔，古农具的发明、发展、演变、传播，多是自然过程，人为的因素很少，官方的干预更少。没有哪个朝代、哪个地区对农具进行过标准化和规范化的管理，凡古农具，几乎都存在"一器多名""一名多器"的现象；都存在同一名在不同地域或历史阶段不取同物，同一物在不同地域或历史阶段不是同名的现象。这几乎可以说是古农具的一条普遍规律。所以列举的这一串别名，相对于某一时空是相当不准确的。对于锸这样的农具，要从古到今，从诞生到发展，从演化到传播，都一条线似的将它们的发展之路搞清楚，将它们的名称分辨清楚，几乎是不可能的。

概而言之，锸是整地农具之一，尤适于开沟掘土。虽然都名为"锸"，但古今结构不尽相同。锸与锹属同类农具，在一定时空形体大同小异，故常在一定范围内通用。近代多称为"锹"，不称"锸"。

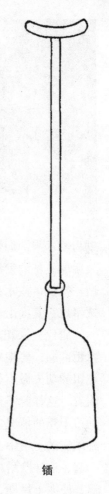

锸

粉碎土块——旱地耙

耙是用畜力犂拉的农具，属整地农具，基本功能主要是：粉碎土块，清

古老的耙

除杂草，熟化土壤。传统耙属钉齿耙，分为方耙和人字耙两种。

在汉代农业画像砖石中未见有耙的图像，但从魏晋南北朝开始，经隋唐到宋代的许多壁画中都见到了耙田的图像。北魏时期的《齐民要术》中有耙的描述，可见到魏晋之后，用畜力牵拉的农具"耙"已经相当普遍。

耙就是在耱的木梁上装上一排铁齿或木齿，但这个过程不是一蹴而就的，是经过劳动人民长期实践发现和发明的。耙的发展演变过程是：首先形成的耙是单梁耙，即在一根木梁上安装一排铁齿或木齿，与木梁和齿形成90°安装一根木制的长辕，采用二牛抬杠式牵拉；其次出现了双辕单梁耙，发展为用一牛牵拉；最后发明了双梁耙。

唐代《耒耜经》中对水田耕地的要求是：先把田土耕翻一遍，然后再灌水耙一遍，要耙碎泥垡，去除杂草，疏通水渠。元代《王祯农书》说，如果耙田的功夫做不好，土块就粗大不细，播种以后，作物的根与泥土不能相互附着，这样就不耐旱，容易出现作物根部悬空而枯死，而且易发生病虫害、幼苗干死的情况。如果耙田的功夫做得好，泥土就细碎平实，作物种植在这种细实的土壤中，再经过播种时的碾压，作物的根与土壤就能很好地附着在一起，这样既耐旱且作物生长得好，不易发生病虫害。所以说，耙地要做几遍，使泥土烂熟，泥土烂熟到表面有一层油状泥糊，把一个鸡蛋放到上面，鸡蛋能沉到田泥里去，这才算是耙田的功夫到家了。

 ## 其他整地农具

 ### 1. 耱

耱亦称为"耢"，是用于平田碎土及覆土、松土保墒的整地农具。耱是从耰发展而来的，二者的区别在于：耰是手工的碎土农具，而耱则是用畜力拖

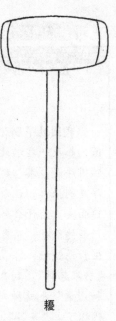

动的磨碎土块的农具，大约在汉代已经出现。早期的结构多为独木梁或排木框架，后期多用荆条或竹条在耙梃之上编制而成，只要能满足农艺要求，形体尺寸不甚严格。汉代《氾胜之书》说，春天时节，地气复苏通畅了，这时可耕翻坚硬的黑垆土，然后用耱这种农具对耕过的地块"平摩"土块，等到田地上长出了青草，再耕一遍，把长出的青草翻压到土里，既可当绿肥，又减少以后播种时的杂草。可见，耱在土壤耕作中是一个很重要的耕作环节。在汉代画像石中，有一根长辕带一条粗大横梁的器物，由牛拉着，这就是耱。《王祯农书》称耱为"劳"（耢），并将"劳"的结构与功能叙述为"劳（耢），亦称无齿耙"。耱是在耙梃之间用条木编结而成，是专门用来耱压田地的农具。耕者要随耕随耱，但要掌握地的干湿，还要分清季节。耕地时要及时耱，

耱

以防虚燥；秋天地湿，耱得太早会使土壤变硬。耕耙后下种前的土地都要经过"耱"这一作业环节。北方农村至今仍在使用这种农具。

2. 碌碡

耙耢之后用来压碎压实土壤的整地农具，是用石头制成的圆辊。碌碡在《齐民要术》中称为"陆轴"，唐代才称"碌碡"。《王祯农书》中对碌碡有较详细记载，书中写道，碌碡长约三尺，大小不等，通常用圆木或圆石辊制成。石辊上无齿，这就有别于碌碡（土壤耕翻后用于碎土的农具）。在石辊两端中心分别凿出小圆洞并插装上一个短轴，短轴嵌在长方形外框两头的圆洞或凹槽内，用牲畜牵拉在田中滚动，即可将土碾碎压实。碌碡亦可以用在场院中碾压秸秆以脱粒。

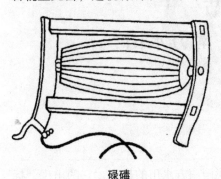

碌碡

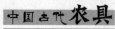

知识链接

五谷消长

我国最早驯化栽培的作物有粟、黍、稻、菽、麻（食用大麻）、麦、薏苡、瓠及一些水果蔬菜种类。在甲骨文中，如果依出现频率来排序，粮食作物排序是：黍、稷、小麦、大麦、稻、菽等。显然，这与我们今天的作物排序差别很大。让今天的孩子们来说，他们也会把排在后面的小麦、水稻挪到前面去。为什么会出现这种情况呢？因为远古时候的生产力水平还很低，生产条件很差，而黍、稷这类作物的抗逆性强，对生长环境的要求不高，而且生长期较短，容易避过水旱灾害，比较"稳产"，因此人们选择它们作为"当家品种"。到春秋战国时代，金属农具出现了，生产力水平提高了，"菽"和"粟"也就排列到前面去了，一跃成为主要粮食作物，甚至被作为粮食的代称了。"五谷"的概念就是这个时期提出的。它大致涉及6种粮食作物：稷、黍、麦、稻、大豆和大麻。其中的区别在于这些作物的不同组合和排序，前三种作物是历代解释"五谷"时必然提到的，后三种作物之有无，则依地区和时代而别。这反映了当时以旱地农业为主的生产特点。

第三节
整地农具——南方水田

翻地覆土——曲辕犁

曲辕犁又名"江东犁"，是一种适于我国南方水田的耕犁，它的出现，标志着我国南方水田耕作技术有很大进步，并对后世产生了深远的影响。

唐后期陆龟蒙的《耒耜经》中有关于曲辕犁的记载，从中我们可以知道曲辕犁由十一个部件构成，它们是犁镵（铧）、犁壁、犁底、压镵、策额、犁箭、犁辕、犁梢、犁评、犁建、犁盘，其中犁镵、犁壁为铁制，其余均为木制。犁长一丈二尺。

曲辕犁与前代耕犁相比，具有如下比较突出的优点。

第一，改直辕、长辕分列为曲辕、短辕。减轻了犁身重量，缩短了犁辕，因而操作起来比较灵活自如，迅速省力，克服了长辕犁"回转相妨"的弊端。

第二，增加了犁盘。犁盘是安装在犁辕前端的可以转动的三尺长的横木，通过犁盘两端以绳索与牛轭（曲轭）连接，增加了耕犁的灵活性和摆动性，尤便于转弯。从犁的结构和犁盘的宽度看，江东犁是由一牛挽拉的。这比以往二牛抬杠式（肩轭）的耕作方式要简便省力得多。

第三，具有犁箭、犁评和犁建，用以调节耕深。犁箭穿过策额，连接犁底和犁辕，犁辕中有一孔，犁箭从这孔穿过，可以上下移动。犁评略呈楔形，前厚后薄，被固定在犁辕与犁建之间，有槽可以在犁辕上前后滑动。犁建是在犁评之上，用以管制犁评和犁辕，使不相脱离。通过犁评的进退可以调节犁箭的长短以改变牵引点的高低，控制翻土的深浅。

第四，犁底与犁梢分离，以控制耕垡的宽窄。江东犁的犁底与犁梢是彼此分离的两个部分，犁底长达四尺，操作时可保持平稳，深浅一致，尤其适宜在水田耕作。犁梢向上弯曲，长四尺五，高及人腰，上端有把手，中部亦有把手。前者便于压犁，后者便于抬犁，相互配合，使耕者能更好地操纵耕犁，掌握耕垡的宽窄。向下压犁梢时，犁底后部下降，铧头上升，耕垡则宽；向上抬铧梢时，铧底后部上升，铧头下降，耕垡就窄。

第五，犁头采用窜垡原理，以保证耕地质量。曲辕犁"镵长一尺四寸，广六寸"，为等腰锐角三角形，这种尖锐而窄长的犁镵，适于南方比较黏重的土壤的耕作，也适于翻起较窄的耕垡。与犁镵相配合

沿用至今的曲辕犁

的是犁壁，前者翻起土垡，后者覆转土垡。曲辕犁"镵卧而居下，壁偃而居上"，不成连续曲面，因此耕出的垡条是断续的。这种窜垡作用，一方面可以使耕深受耕宽的限制较少；另一方面可以在低速的牛力条件下，达到碎土的要求，保证耕地的质量。

　　总之，曲辕犁在技术上比前代有诸多完善和创新之处。它兼有良好的翻土、覆土和碎垡的功能，犁盘和软套的使用，增加了它的灵活性和摆动性，犁箭、犁评、犁底、犁梢的结构又使它能够调节耕地的宽窄深浅，特别适于在土质黏重、田块较小的江南水田中使用。但是从以后的发展情况看，曲辕犁的使用并不局限于江南水田耕作，北方旱作农区同样深受其益。到此，我国传统耕犁的构造基本定形。18世纪，曲辕犁传入欧洲，对欧洲近代犁的改良，产生过重大影响。

人力耕地——铁搭

　　铁搭是一种人力耕地翻土农具，有二齿、三齿、四齿、六齿不等，以四齿居多，故又称为"四齿耙"或"四齿镐"。使用时，向前掘地，向后翻土，比犁耕要深，又可随手敲碎土块，用时比较费力。铁搭是南方农村的主要整地农具之一，缺牛少犁的小农之家常用它代替牛耕。早在战国时代就出现了二齿镢，汉代又出现了三齿镢，但是后世江南所用的四齿镢出现较晚。考古发掘材料显示，与后世铁搭形状相似的四齿镢，到了北宋才出现于扬州一带。不过，从现有记载来看，一直到明代中期，铁搭的使用才普遍起来。这种铁搭"制如锄而四齿"，结构简单，但很适于在土质黏重的水田中翻土。用铁搭翻土，可翻得很深，工作质量明显优于耕犁。直至今天，在人多地少、土地湿润的南方，铁搭仍是主要耕垦农具，有的地方甚至多于牛耕。

　　铁搭的使用对在水田种植麦、豆、油菜等后茬旱地作物更具有重大影响。只有用铁搭挖沟、起垄，使得稻田排水良好，这些后茬作物才能长好。因此可以说，铁搭的出现，是江南农业发展中的一个里程碑。

知识链接

火耕水耨

与旱地耕作区实行刀耕火种相似，水稻种植区的原始耕作技术是火耕水耨。这时候祖先还没有驯化耕牛来拉犁，也没有发明水稻育秧移栽的技术，只能在湖边浅沼的地方整理出一小片水田来，进行水稻直播种植。火耕水耨的记载最早见于《史记·平准书》、《汉书·武帝纪》和《盐铁论》等文献。火耕水耨的种植技术包括以下作业环节：一是以火烧草，不用牛耕；二是直播水稻，不用插秧；三是以水淹草，不用中耕。这是一种比较粗放的水稻栽培方法，当时主要分布在江南的楚越或荆扬之地。那时候南方地区还地广人稀，文化也比较落后。而先进的关中地区，汉代已经发明了插秧移栽技术，史书上称水稻移栽为"别稻"，这种技术后来传遍东亚各国。

其他整地农具

1. 水田均泥——田荡

田荡又称"均泥田器"，是一种水田农具，结构并不复杂，《王祯农书》说："用叉木作柄，长六尺，前贯横木五尺许。"用途及用法是："田方耕耙，尚未匀熟，须用此器，平著其上荡之，使水土相和，凹凸各平，则易为秧莳。"接着引《陈旉农书》《善其根苗》篇说："凡水田渥漉精熟，然后踏粪入泥，荡平田面，乃可撒种，此亦荡之用也。"王祯还用诗很生动地印证了这种农具的用途："横木叉头手自携，荡磨泥面如排挤，人畜一过饶足蹄，却行一抹前踪迷，莹滑如展黄玻璃，插莳足使无高低。"

2. 钉齿平地——水田耙

耙有北方旱地耙和南方水田耙之分。从耙的演变过程来看，水田耙是由

古代农具——耙

旱地耙改进而来的，只是作业的环境由北方旱地变成南方水田。水田耙一般是方耙。《王祯农书》中不仅绘制了双梁耙（方耙）的图形，还对耙的尺寸作了详细的记述。耙的横梁长5尺，宽约4寸，两根横梁相距5寸，横梁上相间各凿若干个方孔，孔内插入木齿，木齿长约6寸。横木两端的木框长约3尺，木框的前端微向上翘起，木框两侧各插一个木钩，用来系绳使牛牵引。这就是水田耕作用的方耙。明清时期，水田耙的形制没有太大的变化，只是耙齿有铁制的。徐光启《农政全书》图示的方耙与今日江苏农村所见的水田耙一样，耙梁木制，耙齿铁制，通常称为"钉齿耙"。

3. 碎土匀肥——耖

耖是水田整地农具，用于耙后耖平地面、耖细泥土、拌匀肥料等。主要用于水田，是一种多齿形农具。耖起源于晋代，大约在唐代即已形成，至宋代已定型，普及于明清。

《王祯农书》中记载，耖高达3尺多，宽4尺，上有横柄，下面排列着一列齿，耖齿不但比耙齿长，而且比耙密。工作时，人用两只手按住上部的横梁，前面通过绳索用畜力牵拉。一般一耖一人一牛，如果田块大，有的可用二人二牛。耖在打泥浆的质量上比碌碡、礰礋好，因此逐渐取代了这两种农具。

 ## 犁的进化过程

1. 牛套及挂钩的出现

唐末江东犁的曲辕与犁槃的出现，比起过去动力机、传动机与工作机完全结为一体的牛犁相连的二牛抬杠式来说，已有较大的进步。但因犁盘尚附于犁辕前端，说明传动部件与工作机尚未完全分离。入宋以后，情况有所改变。

牛轭也称肩轭，在轭之两端分凿两个孔，"通贯耕索"，在其下系一短绳，"以控牛项"。耕盘即江东犁中的犁盘，此时已与辕分开，两端有孔，上系耕索。牛轭、耕索、耕盘连成一体，组合成软套，即犁之传动部分。在耕盘上挂着一个圆的横环，然后以挂钩与辕接连。挂钩长约4厘米，或以环挂钩，或以钩挂环。由两个长环和两个挂钩构成，共4节，全长54厘米。自有了牛套、挂钩，就将耕犁分成两个各自分离的独立部分，一是犁体（辕、梢、底、犁头等），二是牛套（牛轭、耕盘、套索等），二者完全分离，只赖挂钩将其联系。"耕时旋摆犁首，与轭相为本末，不与犁为一体"，"作正回旋，惟人所便"。

在牛套与挂钩出现的同时，犁体本身结构也发生了变化。与江东犁比较，犁身形体明显减小，部件明显减少。目测犁头（镵与壁）与周围部件大小比例，犁床、犁辕俱短于江东犁（按：江东犁，犁床为4尺，犁辕为9尺），其弧曲度也减小。江东犁应有的部件如策额、压镵、犁评、犁建等都已取消。其深浅调整需木楔插入箭孔下，或在犁床上立一铁柱，以一木棍两端接铁柱及镵背，木棍沿铁柱上下移动，促犁镵作相应深浅的耕作。

犁耙和竹篓

此时，箭与梢位置对调，梢更加弯曲。由于此时犁体重量减轻，牛套出现，使得操作灵便，深浅调整可部分赖扶犁者手力控制，故对调整深浅的机构可不要求过于复杂。

明清时期，在牛体与犁体连接方法上又有所改进。原来是在辕首上横置圆环，在耕盘上则竖挂向上弯曲的套钩。现在则改为竖置圆环，横置"乀"形套钩，从而使得牛套左右有更大的摆动度，极为灵活。

自从牛套与挂钩出现之后，使得牛体（动力部分）、牛套（传动部分）与犁体（工作机）二者分离，从而具备了完整机械之规模。这是中国古代农业机械史上一件大事。这不仅对垦耕土地提供了方便条件，而且产生了更广泛、更深入的社会、技术后果。首先，有了短曲辕、软套、一人一牛，节省了人力、畜力，缩小了田头死角，提高了耕作效率；其次，牛犁分离，回转方便，能因地制宜地使用耕地，增加了耕地面积，如宋代南方出现的围田、柜田、沙田、涂田、架田、梯田等，从而增加了粮食的总产量；再次，推动了各种以畜力带动的田间作业，如耙、耖、劳、耧车、劙子的使用，都因使用牛套而使操作灵便，效率提高；最后，推动了其他类型农具的改革，如南方梯田、围田对灌溉机械的生产与改进提出了更迫切的要求。关于犁架结构，宋元犁仍沿习唐犁，辕交接梢、梢交接底或辕、梢俱交接于底，且梢在辕前。

 2. 犁头部件的多样化

（1）鐴：即犁壁。在《耒耜经》中已有记载，宋元时其大小未变，但其外形已有变化。耕水田者称为"瓦缴""高脚"，耕陆田者称为"镜面""碗口"。

（2）划：又名"镑"。《周礼·薙氏》中曰："掌杀草，冬日至而耜之。郑玄谓以耜测冻土而划之，其刃如锄而阔，上有深桛，雷于犁底所置镵处。其犁轻小，用一牛或人挽行。北方幽冀等处，遇有下地，经冬水潲，至春首浮冻稍苏，乃用此器划土而耕，草根既断，土脉亦通，宜春种麰麦。凡草莽污泽之地，皆可用之。盖地既淤壤肥沃，不待深耕，仍火其积草，而种乃倍收。斯因地制器，划土除草，故名划，兼体用而言也。"

（3）剧刀：又称"型刀"。《耒耜经》中曰："其制如短镰，而背则加厚。常见开垦芦苇蒿莱等荒地，根株骈密，虽强牛利器，鲜不困败。故于耕犁之前，先用一牛引曳小犁，仍置刀裂地，辟及一垄，然后犁镵随过，覆绖截然，省力过半。又有于本犁辕首里边，就置此刃，比之别用人畜，就省便也。"郦刀最早出现于南宋孝宗乾道五年（1169 年），由官借与民开荒之用，在使用剧刀后，可减轻犁头之磨损度，提高耕作效率。

知识链接

刀耕火种

我国农业精耕细作的优良传统是从原始农业逐步发展起来的。原始时代只有石斧和尖头木棒（或竹竿）等简陋的生产工具，通常是播种之前先用石斧砍倒树木，晒干后放火焚烧，然后在火烧地上点播或撒播种子，直到成熟时才去收割。由于那时还没有掌握施肥和中耕除草技术，所以土地种植一两年后地力就下降，作物产量也跟着下降。不过，刀耕火种的原始人已经过着相对定居的生活。他们一般都是在居住地附近寻找新的地点烧垦，被烧垦过的土地就能得到休养生息、恢复成林的机会。但是，当人口的增长超过人与林关系的平衡点，土地休耕年限缩短时，刀耕火种的破坏作用就明显增加了。

第四节
整地有方法

整地的必要与最初开垦措施

我国自古重农，为了增加产量，提高劳动生产率，自远古直到清代中叶，对于从事农业生产各方面所使用的工具，都相继有所发明和发展，而且同样的一种工具，其创始年代往往早于其他国家几百年，甚至一两千年。

在我国历代文献上，对于这一类工具有时叫作"田器"，有时叫作"农具"，有时叫作"农器"。若就机械的定义说，任何一种工具，无论简单到什么程度，当使用它作工的时候，都是一种机械，所以在本书中，一般都叫它们"农业机械"，并按近代对于农业机械的分类法，把我国几千年以来在这方面的发明创造分为下列七大类，即整地机械；播种机械；中耕除草机械；灌溉机械；收获及脱粒机械；加工机械和农村交通运输机械。人类最初从事农业活动是把可供人类食用的野生植物种植成农作物，任何农作物，如果想使它发育生长得好，在种植以前必须先把种植它的土壤加以适当的整理，使它的颗粒疏松，保持一定的水分，空气易于流通，日光的热能容易传入。这样，在土壤中一定的矿物质和有机质才易于分解化合，被农作物所吸收以供其发育生长。

任何农田，在开始垦荒的时候，一般多为原始丛生的杂木或杂草所占据，必须先用焚烧或其他方法加以清除，然后再用一定的——简单的或复杂的，原始的或进步的——整地机械加以疏松，才能变为可以种植的农田。世界各民族对开垦荒地一般都是这样，我国在这方面表现得也很早。在夏、商、周

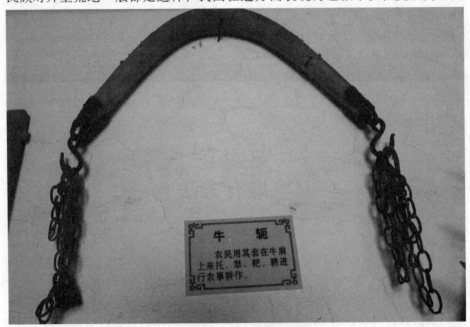

古代农具——牛轭

以前，在古帝王的传说中，称神农为"炎帝烈山氏"，似乎就是象征着最初垦荒，就是用火焚烧丛木和杂草的创始者。

即使在犁耕已经通行以后，有些当时还是比较偏僻的地区，对于清除地上杂草，仍有沿用所谓"火耕"的。

整地技术

在 20 世纪 50 年代以前，人们对中国原始农业是不大了解的，往往只是以"刀耕火种""砍倒烧光"概括之，具体情况知之甚少，以致 1959 年出版的《中国农学史》专著，完全避开原始农业，只从《诗经》谈起。经过几十年考古资料的积累，人们对原始农业有了较清楚的认识。从原始农具的种类只有整地、收割、加工三类，推测当时的生产过程只有整地、播种、收获、加工四个环节。除了播种可以直接用手以外，整地、收获、加工都要使用工具。从对土地的使用情况看，原始农业可分为火耕（或称"刀耕"）农业和耜耕（或称"锄耕"）农业。火耕农业的特点是生产工具只有石斧、石锛和木棍（耒）或竹竿，用石斧、石锛砍倒树木，晒干后放火焚烧，然后在火烧地上点播或撒播种子。耜耕农业的特点是除石斧、石锛之外，还创造了石耜、石锄等翻土工具，与之相适应，生产技术也由砍倒烧光转到平整土地上来。在一些龙山文化和良渚文化的新石器时代遗址中，还发现了原始石犁，这是新出现的整地农具，可能是用来开沟排灌的。具有典型意义的是 20 世纪 90 年代在江苏省苏州市草鞋山马家浜文化遗址和湖南省澧县城头山汤家岗文化遗址发现的稻田遗迹，使我们对原始水稻种植情况有了较具体的了解。草鞋山遗址的稻田形状为椭圆形或圆角长方形的浅坑，面积为 3～5 平方米，个别小的仅有 1 平方米，最大的达 9 平方米。稻田东部及北部边缘有"水沟"和"水口"相通，"水沟"尾部有"蓄水井"。城头山遗址的两丘稻田则是长条形，由人工垒筑田埂，田埂间是平整的厚约 30 厘米的纯净灰色土，表面呈龟裂纹，剖面稻根显露。田边亦有水坑，由水沟连接通向稻田。据原发掘简报报道："这二丘田均是在比发掘区西部较低的原生土面往下挖出，同时保留田埂部位，待田里耕作土积高到与原生土田埂等齐时，再用人工在原田埂上加高堆垒成新的田埂。"

这两处稻田遗址的年代都是距今 6000 多年，表明原始稻作在 6000 多年前的长江中下游就已比较成熟，已有固定的田块长期种植水稻，除了垦辟田面、修筑田埂之外，还要开挖水井、水塘和水沟，远不是"刀耕火种"的原始状态了，由此亦可了解当时的整地技术已有一定的水平。

商周时期已出现了许多整地农具，除了耒耜之外，还有金属农具锸、镈、锄、犁等，说明当时的人们已经相当重视整地。不过《诗经》提到整地时只说："以我覃耜，俶载南亩。"（《小雅·大田》）"畟畟良耜，俶载南亩。"（《周颂·良耜》）即以耒耜翻地，但未说明要翻耕到什么程度，看来当时尚未提出深耕的要求。商代的甲骨文田字写作四圈，说明田间已整治得相当规整，沟渠纵横，以防暴雨洪水冲毁农田。古文献谈到夏禹治水的主要措施时总是说他"浚畎浍"（《书·益稷》）、"尽力乎沟洫"（《论语·泰伯》）。修浚沟洫成为当时农田建设中的首要任务。此外《诗经》经常提到"俶载南亩""今适南亩""南东其亩""衡从其亩"，亩就是垄，可见当时除了在农田周围开挖沟渠外，还要在田中翻土起垄，并且根据地形和水流走向，将垄修成南北向（南亩）或东西向（"南东其亩"的东亩），这已是垄作的萌芽了。因而商周时期出现一系列掘土的金属农具绝非偶然。

春秋战国时期对整地已明确要求做到"深耕熟耰"。《庄子·则阳篇》："深其耕而熟耰之，其禾繁以滋。"《孟子·梁惠王上》："深耕易耨。"《韩非子·外储说左上》："耕者且深，耨者熟耘。"即要求深耕之后将土块打得很细，可以减少蒸发，保持土中水分，以达到抗旱保墒、促使增产的目的。深耕的程度要求做到"其深殖之度，阴土必得"（《吕氏春秋·任地》），即要耕到有底墒的地方，以保证作物根部能接受到地下水分。因此战国时期整地的劳动强度就十分大，需要有更适用的农具，于是铁农具就应运而生，得到推广。原来的木耒这时也装上铁套刃，提高了翻土的功效。原来的木耜这时也装上金属套刃，变成了铜锸和铁镈。铁镈（特别是多齿镈）的出现更是适应深耕的需要。西周时期的垄作萌芽这时已成为一种较为完备的"畎亩法"。畎就是沟，亩就是垄。司马彪《庄子注》："垄上曰亩，垄中曰畎。"即将田地耕翻成一条条沟垄。据《吕氏春秋·辩土》要求："亩欲广以平，畎欲小以深，下得阴，上得阳，然后咸生。"即垄面较宽而且平坦，沟要开的小而深，既节约土地又易于排涝。其规格按《吕氏春秋·任地》要求，是"以六尺之

古代农具——耖

耙，所以成亩也，其博八寸，所以成甽也"。即垄宽六尺，甽宽八寸。看来，战国时期盛行的铁锄就适于平整垄面，而铁镰则更适于开挖甽沟。实行垄作，可以加深耕土层，提高地温，便于条播，增加通风透光，利于中耕锄草，增强抗旱防涝能力，从而达到提高产量的目的。但开沟起垄，劳动量很大，原有的手工农具就较难适应这一客观要求，人们便开始用牛耕来开沟起垄，所谓"宗庙之牺，为畎亩之勤"（《国语·晋语》），讲的就是当年在宗庙作为祭祀牺牲的牛，现在用来拉犁开畎（甽）作亩（起垄）。可见战国时期牛耕的推广和垄作的整地技术是有密切关系的。

到了汉代，对整地的要求更加严格，除了深耕，还要细锄。西汉农书《氾胜之书》对耕作已明确指出："凡耕之本，在于趣时、和土、务粪泽、早锄、早获。"就是要及时耕作，改良土壤，重视肥料和保墒灌溉，及早中耕，及时收获。东汉王充在《论衡·率性》中也提出"深耕细锄，厚加粪壤，勉致人工，以助地力"的基本要求。都是将农业生产过程作为一个整体，而以整地为田间作业的最重要环节。"深耕细锄"是汉代农业生产对整地的技术要求。山东省滕县黄家岭曾出土过一块东汉耕耱画像石，画面左边有三个农夫用锄锄地，中间有一农夫驱一牛一马扶犁耕地，右边又有一农夫驱一牛耱地，正是"深耕细锄"的生动写照。值得注意的是画像石右边的耱地画面，耕牛后面拖带的是一种新式农具，叫作"耱"。这是一根圆形粗木棍，中间安一长木辕，用牛拖动，可将已翻耕的土块磨碎。这道工序在战国叫作"櫌"，当时是用一种长柄的木榔头将土块敲碎；汉代也叫作"摩"。《氾胜之书》在谈到耕地时总是强调"辄平摩其块"，"凡麦田常以五月耕……谨摩平以待种时"。如此强调磨碎土块，是因为黄河流域的雨水较少，黄土疏松，地里的水分易于蒸发。将土块磨细，可切断土壤中的毛细管作用，防止水分蒸发过快，又可使土壤有良好的结构，有利于种子的发芽和庄稼的生长。这是华北旱地农业中抗旱保墒最重要的技术措施，在《齐民要术》中有详细的记载，所用的农具就叫作"耱"。因耱是木制的，易于腐朽，因而从未有实物出土，后世无从知道它的具体形象。过去多以为汉代摩地也和战国櫌地一样，是用人力敲碎土块。20世纪70年代，甘肃省嘉峪关市魏晋墓中出土的画像砖上有耱地图壁画，耱的形状才首次出现，它的历史也比《齐民要术》的记载提早了一百多年。而滕县黄家岭画像石的发现，又将耱的历史再向前推进了一百多年。

北方旱地农业以精耕细作为特征的整地技术，到魏晋南北朝时期已经趋于成熟，在汉代的耕耱技术基础上形成了一套"耕—耙—耱"的技术体系。即在耕地之后，要用耙将土块耙碎，再用耱将土耱细。耙地工具的具体形状过去不甚清楚，只能根据《王祯农书》的记载推测为人字耙。但从嘉峪关市魏晋墓壁画上看到的耙却都是丁字耙，即一根长木辕拖一横木，在横木下装一排铁齿或者木齿。使用时人要站在耙上以增加重量好将土耙细。

当时南方水田生产中的整地技术缺乏文字记载，一直不太清楚，旱地作业的耙耱工具也不适于水田。但从考古资料观察，南方水田也已采用耕耙技术，只是耙的结构和北方不同。广东省连县西晋永嘉六年墓中出土一件陶水田犁耙模型，上面有农夫扶耙耙田形象。耙的形状与元明时期的耖类似，上有横把，下装六齿，是用绳索

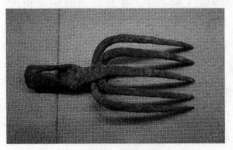

古代农具——叉

套在水牛肩上牵引，人以两手按之。广西苍梧县倒水乡南朝墓中出土一件耙田模型，此耙为六齿，看来也是用绳索牵引的。这种耙适于水田耕作，可将田泥耙得更加软熟平整，以利于水稻的播种和插秧。由此可见南方的水田作业早已脱离"火耕水耨"的原始状态而走上精耕细作的道路。

　　唐宋以后，我国北方的旱作农业整地技术一直是继承"耕—耙—耱"的传统，南方则形成耕—耙—耖技术体系，在生产中都发挥了很大作用。

明清土壤耕作技术

1. 对土壤耕作认识的深入

　　《耕道论》是我国传统农学的土壤耕作理论的代表。"耕道"一词源自《吕氏春秋·士容论·审时》，其中载："夫稼为之者人也，生之者地也，养之者天也。是以人稼之容足；耨之容耨；据之容手，此之谓耕道。"可见，早在先秦时期，人们就已了解种植作物要靠天、地、人三者的配合，人在认识天时、地利的基础上，采取相应的耕作措施，就有望取得预期的好收成。而耕作的原则与要点，是须保留一定空间，形成畎、亩，苗则要有一定的行列。至明清时期土壤耕作的基本原则又有新的发展。马一龙《农说》论述耕作的基本原则时说："合天时、地脉、物性之宜，而无所差失，则事半而功倍矣。"清代杨屾将"耕道"进一步概括为"通变达情，相土而因乎地利，观候而乘乎天时"。杨屾所讲和马一龙论述的耕作基本原则，除包含着时宜、地宜外，还明确指出"物宜"。将物宜正式纳入耕作基本原则，是明清时期的一大发展。例如，在因地耕作方面，《农说》提出了"启原宜深、启隰宜浅"的原则，因"原之下多土骨"，故要耕"深以接其生气"；而"隰之下多积泥"，故要耕"浅以就其天阳"。袁黄《宝坻劝农书》也认为，各种土壤"皆须相其宜而耕治"，如"紧土宜深耕熟耙，多耙则土松，而缓土则曳碌碡重滚压之"，这是视土质而定耕法的反映。在因时耕作方面，明《便民图纂》《农说》和清《知本提纲》等都强调了"秋耕宜早"和"春耕宜迟"。宜早和宜迟的目的是要将"阳气"（热量）保存在土中，并不使"阴气"（水分）自土中泄去。在因物耕作方面，《天工开物》指出"深耕二字不可施之菽类"，认为种豆不宜耕得过深，否则因"土块曲压，则不生者半矣"。至于棉花，《群芳谱》《农政全书》等都主张"深耕之"。《马首农言》还提出"麦子犁深，一团齐根"，"小豆犁浅，不如不点"。总之，这一时期在三宜耕作方面的认识上较前均有很大进步。

2. 土壤耕作技术的进步

（1）南方水田耕作技术

① 提倡深耕和精耕。江南水田耕作技术，在陈薯《农书》中已有较系统的总结。到明清时期又有发展，如明马一龙《农说》中首先提出"农家栽禾启土，九寸为深，三寸为浅"的深耕标准。明末《沈氏农书》曾把"耕翻施肥之法"扼要地归纳为"一在垦倒极深"，"一在多下垫底"。清代的《潘丰裕庄本书·课农区种法直讲》还提出深耕到二尺以上的要求。不过，《齐民要术》等也认识到，深耕不宜耕翻得过深，否则会造成"老土害禾"和水、肥漏失。所谓"老土"，即"年年耕所不及之极土"，亦即"犁底层"。这种犁底层未经熟化，有机质含量少，质地紧密，如一次翻起过多，必会降低土壤肥力，妨害作物生长。为了解决耕深问题，明清时还创造了套耕的方法。套耕的方法有三种。一是人垦和牛耕相结合的套耕法。如《俣兴掌故集·禾稻》记载："湖耕深而种稀，其土力本饶沃，种不稀者至秋多病虫。尝见归云庵老僧言，吾田先用人耕，继用牛耕，大率深至八寸，故倍收。"二是双犁结合的套耕法。如《知本提纲·修业章》载："山原土燥而阴少，加重犁以接其地阴。"四川《彭县志》也说："深耕之道，每犁辄复之，然后及于次犁，则苗之得地力也厚，故吾之禾不偃，其稿壮也。"三是铁搭套耕法。《沈氏农书》说："二三层起深"，即用铁搭翻二到三层，深度可达七八寸至尺余。对于精耕，马一龙《农说》称，要求"兹基寸隙，不立一毛"，即处处耕到，块块翻转，不漏耕一寸之地。《知本提纲》也说："耕如象行，细如迭瓦。"可见精细耕作的程度。

② 冻土晒垡。土壤耕作中的冻晒作用，明末《沈氏农书》中有很详细说明，其中说："垦地须在冬至之前，取其冬月严寒，风日冻晒。……垦地、倒地，非天色极晴不可，若倒下不晒一日，即便逢雨，不如不倒为愈"，"古称'深耕易耨'……切不可贪阴雨闲工，须晴明天气，二三层起深，……春间倒

二次，尤要老晴时节"。至于稻田起板、耙耪、灌水融冻的原则和作用，冬耕冻土，徐光启也曾作过论述，他说："棉田秋耕为良，获稻后即用人耕。又不宜耙细，须大拨岸起，令其凝互，来年冻释，土脉细润。"土壤经过冻晒，不仅可促进土壤风化，以达到"土脉细润"，而且具有消灭某些病菌害虫及其卵蛹等作用。

③ 开沟作畦。开沟作畦在江南对于小麦、棉花等旱作物栽培是一项很重要的技术措施。《侬政全书·谷部下》"麦"条说："南方种大、小麦，最忌水湿，每人一日只令锄六分，要极细，作垄如龟背。"同书"木棉"条又说："棉田秋耕为良，……清明前作畦畛，土欲绝细，畦欲阔，沟欲深。"这里所说的"垄"即"畦"，或称"畦畛"。关于开沟作畦在生产上的意义，《耕心农话·棉花考》说："平原须作畦畛，两畦间一畎一畛，盖畎以泄水，畛以立脚。再畚畎土，加于畦背起脊，则不蓄水，而易于透风也。"

稻麦两熟地区的广大农民在麦田开沟方面积累了丰富的经验，广泛流传着的"冬至垦为金沟，大寒前垦为银沟，立春后垦为水沟"。这是对垦沟"时宜"的高度概括。《补农书》还进一步说道："种麦又有几善；垦沟、锹沟便于旱，旱则脱水而抢燥，力暇而沟深，沟益深，则土益厚；旱则经霜雪而土疏，麦根深而胜壅，根益深，则苗益肥，收成必倍。"做好畦沟不仅有利于当季小麦的生长发育，而且也为下茬水稻生产创造了良好的条件。所以《补农书》又说："抢燥、土疏、沟深，又为将来种稻之利。"这些经验今天仍有现实意义。

（2）北方旱地耕作技术的完善

① "浅—深—浅"耕作法。所谓"浅—深—浅"耕作法，根据清代杨屾《知本提纲》载，具体方法是："地耕三次，初耕浅，次耕深，三耕返而同于初耕。"该书同时指出："耕之浅深，必循定序，然后暄照均匀，土性易变，故初耕宜浅，惟犁破地之肤皮，掩埋青草而已。二耕渐深，见泥而除其草根，谚曰'头耕打破皮，二耕犁见泥'，盖言其渐深而有序也。"这里的"头耕打破皮"就是浅耕灭茬，很有利于保墒，是耕作技术的新发展。因此，"浅—深—浅"耕作法成为我国北方抗旱保墒的重要方法之一。

② 中耕"四序"和深刨窝"趺弹"。《知本提纲》在前人经验的基础上，进行了中耕"四序"的总结："四序者：谓初次破荒，二次拨苗，三次籽壅，

四次复锄其籽壅也。破荒者，苗生寸余，先用粗锄，不使荒芜，若苗高草长，则为荒芜，即锄亦萎而不振，所收必歉。二次拔苗，其功稍密，将初次所留多苗均布成行，惟留单株。三次籽壅，将所锄起之土，壅培禾根之下，防其倾倒。四次复锄籽壅，使其坚劲。四次功毕，无力则止，如有余力，愈锄愈佳。"而且四次中耕"各有浅深之法：一次破皮，二次渐深，三次更深，四次又浅，同于二次"。总之四次中耕各有其作用，然而从抗旱保墒出发，同样要掌握"浅—深—浅"的原则。

深刨窝跌弹也是当时的一项重大创造，清代蒲松龄的《农蚕经》就提倡"深锄过垄，前后留窝"，这样做"不唯地松发苗，窝深存水，则不易干，即至耕时，旱亦不至甚干，干亦无甚大块，其效多矣"。这就是说在雨季来临前，进行深刨地，既能使土壤松细，又要使满田有锄窝，窝深能多蓄雨水。《马首农言》谈到山西寿阳中耕经验时也提出"先锄后搂"的要求，当地"深锄后搂"也就是深中耕，并说这种做法"俗谓刨窝跌弹，使雨水不散，亦不畏风"，同时还指出"头伏搂，满罐油；二伏搂，半罐油；三伏搂，没来由"。这就是说深刨窝跌弹要注意季节性。

（3）免耕播种法的发展

免耕播种法具有争农时、赶季节，解决多熟种植与农时、季节的矛盾，耕翻与免耕相结合也符合耕作学原理。

我国免耕播种法早在《齐民要术》上就有记载，当时称"稿种"。至明清时期免耕播种法有很大发展，不论在稻田或旱地，还是在北方或南方都有不少经验。

① 双季间作稻和连作稻的免耕栽种。双季间作稻是将晚稻秧插在早稻行间，是不耕而栽的。明初的《农田余话》载："一垄之间，稀行密莳，先种其早者，旬日后，复莳晚苗于行间，俟立秋成熟，刈去早禾，乃锄理培壅其晚者，盛茂秀实，然后收其再熟。"明弘治《温州府志》和嘉靖《瑞安县志》也有类似记载。可见，至迟在明前期，闽、广、浙均有这种双季间作稻的免耕栽培法。至清时，《江南催耕课稻篇》更明确指出，当时福建在"晚稻之秧已苗"时，"即植于早稻之隙，若寄生焉，而不相害；及早稻刈，则晚稻随而长，田不必再耕，且早稻之根，即以粪其田，而土愈肥，可谓极人事之巧矣"。清代江西、湖南等地的农书和不少方志中均有类似的记载，说明这种方

法已在不少地方采用。

至于双季连作稻一般是在早稻收后，再耕耙插秧，但清代也有些地方是不耕而栽的，如《致富纪实》载：在湖南善化有的地方，"二禾（晚稻）质最弱，头禾收割，要留倾泥，不再犁田，铺石灰一道，用匍蓑将禾兜打落，便可插秧"。这是由于早稻收后如再耕耙整地而插秧，时间太迟，所以不再犁田，只用匍蓑在田里将早稻根茬打入泥中后立即插秧，这样可缩短时间，早插晚稻，从而提高产量。

② 稻豆复种和套种的免耕播种。明《天工开物》指出："江西吉郡种法甚妙，其刈稻田，竟不耕垦，每禾藁头中拈豆三四粒，以指极之，其藁凝露水以滋豆，豆性克发，复浸烂藁根以滋。已出苗之后，遇无雨亢干，则汲水一升以灌之，一灌之后，再耨之余，收获甚多。"清代《抚郡农产考略》也记载了江西抚州地区普遍采用稻豆复种免耕播种的方法。

此外，清《三农纪》还总结了四川什邡地区稻田套种豆类时采用免耕法的经验："泥豆，早稻半黄时，漫种田中，经一宿，放水干。苗二三寸，刈稻留豆苗，去水耘锄，八九月熟。"清《齐民要术》也记有江浙及安徽种豆免耕的情况："稻八月获者，于未获前，撒泥黄豆于禾下。"其他如江西《抚郡农产考略》，嘉庆《九江府志》，同治《衡阳县志》等均有类似记载。

③ 麦棉套种、麦豆套种的免耕播种。《农政全书》指出："穴种麦，来春就于麦垄中穴种棉。"《齐民四术》也说："小麦地套种棉花者，不翻地。"这些都是麦棉套种免耕的记载。麦豆套种不耕的记载也不少，如《农政全书》指出："麦沟口种之蚕豆"；《补农书》则说："俗亦有下豆于麦士仑者。"其他如《抚郡农产考略》和《救荒简易书》等都谈到江西抚州和湖北钟祥等地在麦垄间套种大豆的经验，也属于不耕而种的情况。

④ 粮肥套种的免耕播种。清《浦泖农咨》说江苏及松江一带，"于稻将成熟之时，寒露前，田水未放，将草子撒于稻肋内，到矸稻时，草子已长，冬生春长，三月而花，蔓延满田"。《三农纪》说苕子是"蜀农植以粪田"，在"稻初黄时，漫撒田中，至明年四五月收获"。这些都是粮肥套种的免耕播种。

⑤ 独特的免耕法——砂田法。砂田法是一种真正的免耕法，其免耕可达几十年之久，而上述免耕播种只是整个轮作周期中的一个环节，其前作一般是进行耕作的，实际上是耕作与免耕交替。而砂田是一种永久性的免耕，即

使几十年后重新铺砂成新砂田，仍然是长期不耕直至再重铺砂石。

（4）亲田法

亲田法是明代耿荫楼在《国脉民天》中提出的一种耕作方法。它是指在人力物力有限的条件下，分期分批对一部分田块给予优先照顾培肥土壤的耕作技术。即在一个生产单位内，将其农田划分为几区，每年在一个区上实行精耕细作，计划培肥，在几年内则将全部农田都轮流精耕细作加粪壅培肥一遍，这是轮流精耕细作计划培肥土壤的一种耕作方法。耿荫楼在《国脉民天》中载："有田百亩者，将八十亩照常耕种外，拣出二十亩，比那八十亩件件偏他些。其耕种、耙耢、上粪俱加数倍……旱则用水浇灌，即无水亦胜似常地。遇丰岁，所收较那八十亩定多数倍。即有旱涝，亦与八十亩之丰收者一般。遇蝗虫生发，合家之人守此二十亩之地，易于补救，亦可免蝗。明年又捡二十亩，照依前法作为亲田。"

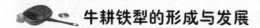牛耕铁犁的形成与发展

1. 牛耕铁犁的形成与使用

犁是最重要的整地农具，它是由耒耜发展、演变而来的。与耒耜的耕作相比，犁的耕作特点是，破土时按水平方向，在畜力（或人力）牵引下作直线连续性前进运动；而耒耜耕作的特点则是，破土时按垂直方向，在足蹯手压下作直线间歇性后退运动，所谓"夫织者日以进，耕者日以却。事相反，成功一也"。从耒耜发展、演变为犁，是一个在生产实践中逐步完善的过程。当"间歇性运动"变为"连续性运动"，就表明"耒耜"已经变成"犁"。在古文献中对这个从量变到质变的反映，往往不实或互用，如有将犁仍称"耒耜"，也有将耒释为犁，将锸释为铧（耜）的情况；在古犁实物中出现一些过渡性的，如"V"字形铁铧、"锖犁"，它们拉蹯两用，既可以人畜牵引作水平运动，又可以手压足蹯作上下运动。有人以当前民间使用的传统农具镗犁、剜犁、扛犁为例进行分析，来说明从耒耜到犁发展过程的几个阶段。

① 由一人蹯犁，改变为二人一组，面对面一蹯一拉，仍为间歇式边耕边后退。初为用绳，继为用木制长柄。

② 犁头（耜或犁铲）斜插入土，改变原来一蹴一拉的间歇式运动，而是以拉杆拉犁头，连续短行程 60 ~ 70 厘米后再掀起犁头。

③ 在上述基础上，增加犁底（其前端装犁铧）、连接撑（连接犁底与犁辕）。操作时一人扛长直犁辕，手握犁拐木往前拉，另一人扛（或扶）犁把，手握把手往前推，由于已装于犁底的犁铧已与地面平行，入土不是向下掘，而是向前推，不经间歇，连续不断地向前运动以破土。

从尖头木棒起，经耒—耜—耒耜—锸犁—剜犁—扛犁，完成了耕犁形成的全过程。效率比较，扛犁二人操作每人日耕地 5 ~ 6 亩，而剜犁三人操作每人日耕地仅 2 亩，可见连续运动比间歇运动的速度要高得多。

在犁形成之后，还有一个逐步改进、完善的过程，如从无犁壁到有犁壁，从犁床、犁梢不分到明显分开，从直辕犁到曲辕犁等。这些，在本书后文将要谈到。

古文献中有不少关于牛耕的记载。"三代以来，牛但奉祭、享宾、驾车、犒师而已，未及于耕也。至春秋之间，始有牛耕用犁。"从出土牛尊的已穿有鼻环，说明在春秋后期，牛已用于从事农业劳动。在《论语》中有"犁牛之子锌且角"一语。在公元前493年，晋国赵简子与范氏、中行氏战，赵胜，败者逃齐。窦犨对赵简子说："夫范、中行氏不恤庶难，欲擅晋国，今其子孙将耕于齐，宗庙之牺为畎亩之勤，人之化也，何日之有！"上述表明当时已有牛耕。还有当时已出现有人将自己的"名"、"字"与牛、犁联系。在出土的战国农具中，已有铁犁铧出现。犁铧又称"犁铲""犁镜"，是安装在犁床前端的切土起垡部件，外形有舌形、"V"形、梯形之分，其夹角有大有小，然其作为等腰三角形的大体轮廓不变。战国铁犁铧地区分布于关中及三河地区，即河南省、山

山东平邑县剜犁　　　　　　　　山东文东县扛犁

东省（见临淄齐故城遗址）、山西省（见侯马北西庄遗址）、陕西省（见蓝田鹿塬遗址，西安半坡、市郊、赵家堡遗址）等地，多为"V"形犁铧冠。这种铧冠形制小而重量轻，如辉县出土的"魏犁"，铧重465克（因有残缺），斜边长17.9厘米，中央尖部宽6厘米，两侧宽4厘米，铧刃顶端上下两面均起脊线，角度有120°，左右两角的铁叶不及10厘米。将这种铧冠纳入木犁头，可以松土划沟，还不能翻土起垄，作用尚有局限，但比起"耒耜耕"效率大有提高。关于耕作方式，史无记载，但从当时大车用辕（直、双辕），小车用牟舟（曲、单辕）的情况推断，用二牛或一牛均有可能。

从上述事实说明，任何先进工具，只有在各种客观条件具备齐全时才能发展、应用、推广。新石器时期石犁、商周时期铜犁的出现，它标志着人类在工具制造方面认识上的飞跃，其主要组成部分，具备机器结构的主要特征（机械三要素：动力机、传动机、工作机），有现代化机械农具的雏型。但从中国新石器到西周时期，其使用范围不广，在生产中作用有限，那是因为材料与动力的条件都不具备；而材料、动力情况取决于资源有无、多寡，技术高低，经济、社会效益等多种综合因素。石头笨重，需强大动力拖动，又易损毁，青铜器虽锐利，但量少不足供应。只有到春秋战国时期，铁器出现，个体经济形成，牛耕铁犁才得以配套使用；再过400年后即东汉时期，才得以推广，构成比较强大的生产力。

牛耕铁犁的出现，具有伟大的社会意义与技术意义。其社会意义是对封建制度的发展与巩固起了重要作用；其技术意义不仅在于其作为整地机械本身给农业发展起了促进作用，而且在于其为畜力牵引的连续运动，从而带动了耙、耱、耧、灌、磨等从播种、中耕，到灌溉、谷物加工等一系列田间作业面貌的改变，促成了整个农业生产技术水平的提高。

 ## 2. 牛耕铁犁对发展封建制度所起的作用

战国时期，各诸侯国为了富国强兵，兼并邻国，都先后实行变法，即实行各种有利于发展封建生产关系及社会生产力的措施，其中后来居上、发展最快的，首推秦国，而牛耕铁犁就为秦国发展生产创造了重要条件。秦王朝的建立，是封建化程度较高，具有先进社会生产力的秦国，战胜奴隶制残余较多、生产力较落后的六国的结果。秦从公元前408年实行"初租禾"起，

历经献公（公元前 384—前 362 年）进一步实行改革，再到秦孝公（公元前
361—前 338 年）实行商鞅变法，完成了从奴隶制到封建制的转变，做到了
"国富兵强，天下无敌"后，终于一统天下。商鞅变法中除了多种发展封建生
产关系从而为生产力发展开辟道路的措施以外，还有一些直接提高生产力的
措施，那就是开荒与推广牛耕，而推广牛耕首先是为了开荒的需要。1970 年
在秦始皇陵园内城北门外出土了秦全铁犁铧，铁铧内装有秦半两数十枚。铧
长 25 厘米，翅距 25 厘米，两翅交叉处有长 5 厘米、宽不到 1 厘米的脊梁，
1980 年在陕西临潼县陈家沟遗址发现秦国全铸铁犁铧，正面中间突起棱脊，
背面扁平，铧长 38 厘米，翅距 26.8 厘米。上述的两种铧比战国通用的"V"
形铧冠型号大，是全铁的，称"尖锋双翼铧"，翻土比"V"形铁冠要深。当
时秦国铁矿丰富，战国末产铁之地，经考定核实者有 15 处，而在秦国地区者
就有 6 处之多，即符禺之山（在华阴县南）、英山（在华县）、竹山（在渭南
县东南）、泰冒山（在延安县）、龙首之山（在长安县），秦国在取得巴蜀之
后，又占有了当地的丰富铁矿资源。秦冶铁有官办，也有私营作坊。秦都咸
阳附近的冶铁、铸铁作坊，规模很大。秦国还设有"左采铁""右采铁"之
类的铁官；秦国还生产硬质木材，如桑、枣、栗、栎、柞、樟、楠、檀、柏、
松等。从上述内容可见，秦国有铁矿、冶铁业、铁官、冶铁燃料，已完全具
备推广铁农具的条件。还有，秦王朝在体制、法规方面还采取了一系列措施，
如在《商君书》中"公作"与"私作"并提，在变法中有按军功赏地，设农
爵等鼓励、支持个体经济，以及将小亩（100 步）改为大亩（240 步）以适
应牛耕耕作的条件。还有保护耕牛的《厩苑律》，其中有评比耕牛的条文，
"以四月、七月、十月、正月肤田牛"。对饲养有成绩的啬夫、牛长有奖，但
若"牛减絮"，即若发现有腰围瘦的牛，要对主管的啬夫进行惩罚。

　　由于秦国采取了推广牛耕铁犁及改变生产关系的措施，使其经济情况有
了很大的变化。首先是，粮食单位面积产量有所提高，在战国初期"李悝
（公元前 455—前 395 年）为魏文侯作尽地力之教"。他估计农业生产为："今
一夫挟五口，治田百亩，岁收亩一石半。"过了 100 多年，即公元前 246 年
（秦始皇元年）开始修郑国渠，修成之后，"收皆亩一钟"。一石半合今 90 市
斤（45 千克）（《汉语大词典附录·中国历代衡制演变测算简表》），一钟合今
200 多市斤（100 多千克）（林剑鸣：《秦史稿》，上海人民出版社，1981，第

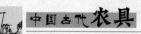
282页）。按秦国一亩等于东周一亩半计算，其单位面积产量有所提高。其次是，耕地面积有所扩大，在秦昭襄王时，关中地区开垦的土地只占全部面积的1/5，后因劳动生产率提高，并招诱三晋之民入秦耕作，加以兴修水利，使秦关中土地尽成肥沃良田。上述情况的结果是粮食产量大为增加，在全秦国各地都有仓库储粮，当时就被称为"粟如丘山"，汉朝人也认为"秦富十倍天下"，"关中自汧、雍以东至河、华，膏壤沃野千里……故关中之地，于天下三分之一，而人众不过什三，然量其富，什居其六"。

"国富"而后"兵强"，在商鞅变法百年之后的公元前260年，即长平之战前夕，赵豹对赵王分析秦赵力量对比时说："且秦以牛田，水通粮，其死士皆列之于上地，令严政行，不可与战，王自图之。"后果以秦胜赵败而告终。从秦国崛起之例说明，地主阶级是如何利用国家政权自上而下地推广牛耕铁犁，使其为巩固封建制度、发展封建生产关系服务。

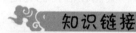

混作种植

同一块地同时播种几种作物的种植方式称为"混作"。在原始农业时期，常常采用混播混种的生产方式，它既有利于保证产量稳定，又可多次收获不同成熟期的作物，以适应当时还没有仓储条件的生活环境。以后随着耕种面积扩大，逐渐从混作向单作转变。混作制有其合理有利的一面。贾思勰在《齐民要术》中总结了豆谷作物混作的经验。清代乾隆河南《汲县志》记载："绿豆带种（混种）于晚谷及高粱中；豇豆带种于芝麻植谷中。"民国河北《通县编纂省志材料》中记载："混作者，如高粱与黄豆，或玉蜀黍与黄豆交杂播种是也。"说明当地的高粱、玉米普遍与黄豆混作。可见，在原始社会就已发明的混作制一直被延续下来。

古代播种与中耕农具

播种农具出现的时间较晚。在原始农业阶段,大多是用手直接撒播种子,无须播种工具。可能在种植一些块茎、块根作物时需借助工具,真正的播种农具是要等到以精耕细作为主要特征的传统农业技术成熟以后才出现的。农作物生长过程中,必须多次在株行间进行锄耘,清除杂草、疏松土壤,以借农作物的生长发育确保丰收。我们祖先很早就知道了间苗、除草、松土、培壅和水土保持的重要性。

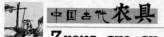

第一节
种类繁多的播种农具

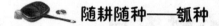

随耕随种——瓠种

瓠种又名"窍瓠"，是一种比较原始的播种农具。陕西绥德出土的汉画像石"犁耕图"中，在扶犁人的后面有一小人，手中所提之物像是窍瓠，由此推断窍瓠可能发明于汉代。在《齐民要术》中正式见到了用窍瓠播种的记载，但对于窍瓠的具体结构始终未见更详细的资料，直到《王祯农书》才有明确记载。瓠种的结构及使用方法是："乃穿瓠两头，以横贯之，后用手执为柄，前用为觜（通"嘴"）瓠觜中草廷全通之，以播其种。泻于耕过垄畔，畔，田半也，恐太深故种于垄畔也。随耕随泻，务使均匀。又犁随掩过，遂成沟垄，覆土既深，虽暴雨不至拍挞。"

瓠种

王祯为瓠种所绘的图像，在金代遗址出土文物中得到证实。1976年在河北栾平县岑沟村一家院落中，发现了一个金代窖藏，在一件高68厘米的大腹青釉缸内发现一批生产和生活工具，其中有一件点葫芦（瓠种）及点葫芦用的谷种。这个点葫芦是用流行于华北燕山一带的家植葫芦制成的。体形长圆，周长55厘米，直径16厘米，高19厘米。制作方法是将葫芦首尾各穿一直径约3厘米的圆孔，中间安装一根长47厘米的木棍，即王祯称为"算"的器物。这根棍的上端露出约13厘米作为手柄。藏于葫芦内的部分，透雕成两个并列的空心梁，长度与葫芦高度相等。木棍的下端伸出葫芦的部分，即泻种嘴，长约15厘米。在这部分的木棍上雕出一条引种凹槽，以使谷种顺此引种凹槽下泻。在葫芦的腰部中央部位，开一直径约2.5厘米的圆孔，用以装入谷种。使用时将点葫芦平放，种子从圆孔中装入葫芦，然后手握手柄，将嘴向下倾斜，种子即从引种槽流出，落入垄沟。为使播种均匀，人们还常常在葫芦嘴的周围捆绑一些秸草之类的东西。

瓠种虽然是一种十分古老的播种工具，但在农具发展的历史中一直为播种服务，直到新中国成立前后，在我国的河北、山西、山东、内蒙古等地都还有使用者。在北京郊区还有一种与此相似的工具，盛种的部分不是葫芦，而是布袋。在布袋口上捆扎一根穿通的向日葵秆，播种时，操作者将布袋扛在肩上，手拿向日葵秆，像拄拐棍一样，一踮一踮地将种子点入垄沟或坑穴中。当然这种农具的名称是不能再称"点葫芦"了，却与点葫芦的基本原理和使用方法大致相同。

畜力牵引——播种耧车

我国古代用畜力牵引的播种农具，汉代叫"耧犁"，今天北方农村也称"耧车"。东汉崔寔《政论》说，汉武帝时任命赵过为"搜粟都尉"（相当于农业部部长），推广农业新技术、新工具。赵过就向农民介绍一种新创制的播种农具，称"耧犁"或"耧车"。耧车由种子箱、排种器、输种管、开沟器以及牵引装置构成。操作时，一人扶柄，一牛牵引，利用前进时的摇摆、振动，使种子由种子箱落入排种器和排种管，然后通过开沟器上的小孔摇落于由耧腿所开的沟内。这样一天能播种10亩地。据农史学家的研究，这种耧车的结构原理，是当代播种机的雏形。由于其结构精巧，播种均匀，人们用它来播种小麦、大豆、谷子等作物。它的优点是，将开沟、下种、覆土等三项作业合而为一，同时进行，简化了操作环节。使用耧车播种，种子入土均匀、深浅一致，节省种子，此外还能减轻田间劳动强度，提高工效。耧车除三脚耧外，还有一脚耧、二脚耧、四脚耧等。

耧车至今仍是北方旱地农业的主要播种农具。

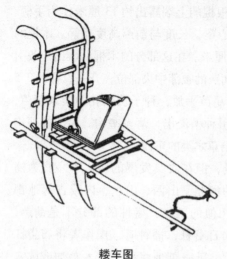

耧车图

耧播图（山西平陆汉墓壁画）

拔秧移栽——秧马

秧马，又称"秧船"或"秧凳"，是水稻拔秧移栽时乘坐的器具。秧马大约出现于北宋中期，最初是由家用四足凳演化而来，基本结构是在四足凳下加一块稍大的两端翘起的滑板。因为有四条腿，使用的姿势好似在骑马，又是在秧田中使用，所以人们形象地称为"秧马"。秧马的使用方法：操作者坐在秧马上，略前倾，两脚在泥中稍微用力一蹬，秧马就可前后滑行。

据史料记载，苏轼于元丰年间谪居黄州，在武昌的畦田里"见农夫皆骑秧马"，这引起了他浓厚的兴趣。他仔细观察发现，秧马"以榆枣为腹"（易滑行），"以楸梧为背"（体轻），首尾翘起，中间凹进，形似小船，农民骑在秧马上拔秧，"雀跃于泥中"，"日行千畦"。拔秧时轻快自如，没有猫腰弓背的劳苦。秧马的另一作用是"系束其首以缚秧"，就是把束草放在前头用来捆扎秧苗，极为便利。苏轼对秧马大加赞赏，每到一地即宣传推广。苏轼被贬惠

秧马

州（今广东惠州），南下途经庐陵（今江西泰和），遇见《禾谱》撰者曾安止，苏轼遂作《秧马歌》相赠。该诗对秧马的形制及作用作了详细描述。后人还将《秧马歌》刻成石碑（现藏于泰和县博物馆），使其流传久远。自秧马出现后，历代文献多有记述。元代《王祯农书》、明代徐光启《农政全书》、清钦定《授时通考》等著名农书都以图文并茂的形式予以介绍。至今，秧马在南方农村仍在使用。

 其他播种农具

1. 覆土压实——挞

在播种覆土之后，还有镇压这一道工序。一般而言，点播及用耧后以手条播，有随播随用脚踏者。撒播之后，多用耢或耱进行覆土、压实。只有在用耧或瓠种条播之后，才用"挞"进行压实。挞是"用科木缚如埽篲，复加扁阔，上以土物压之，亦要轻重随宜，用以打地"。土壤与种子紧密接触，保证种子发芽生长。其实，挞即为整地农具中之耱。

挞

2. 覆种压实——砘车

砘车是宋元时期出现的新的压实工具，"砘，石砘也。以木轴架砘为轮，故名砘车。两砘用一牛，四砘两牛力也。凿石为圆，径可尺许，窍其中以受机栝，畜力挽之。随耧种所过沟垅碾之，使种土相著，易为生发。然亦看土脉乾湿何如，用有迟速也"。使用砘车必须具备两个条件：（1）砘车乃专供压实之用，覆土必须在播种时进行，这就要求"执耧种者，亦须腰系轻挞曳之，使垅土覆种稍深也"；（2）砘车必须使用软套拖动，才不致"回转相妨"。

砘车

 3. 贮种浸种——种箪

种箪是一种贮种工具和浸种工具，应属为播种服务的工具。

箪本来是一种盛食物的工具，《论语·雍也》有"一箪食一瓢饮"之说。皇侃疏："箪，竹吕之属也，用贮饭。"后来演变也用作盛谷物、盛种子的器物。《齐民要术·水稻》说："藏谷必用箪。"王祯认为盛谷物、盛种子之所以要用箪，是因为"稻乃水谷，宜风燥之"。"农家用贮谷种，庋之风处，不至郁邑，胜窖藏也。"而且箪不仅可以盛谷物，还可以做浸种工具，"种时就浸水内，又其便也"。种箪是什么样子呢？王祯说："形如圆瓮，上有奄口"，"其量可容数斗"。对于种箪，王祯有诗曰："食器尝闻陌巷间，田家贮种亦名箪。"南宋的《耕织图》第一幅图就是用种箪浸种，令配诗曰："筥篮浸浅碧，嘉谷抽新萌。"诗中"筥篮"就是种箪。

知识链接

轮作复种

　　如果在同一块土地上连续种植同一种作物，就容易发生严重的病虫害和加速地力衰退，因此要有计划地轮换种植不同作物，这在农业上称为"轮作"；如果要提高土地利用率，同一块地上在一年内播种两次以上，就称为"复种"。轮作复种在春秋战国时期已经出现。《吕氏春秋·任地》中说"今兹美禾、来兹美麦"，意思就是今年种粟，来年种麦。《齐民要术》多处提到"谷田必须岁易"，"麻，欲得良田，不用故墟"，"稻无所缘，唯岁易为良"。《齐民要术》还把绿肥轮作称为"美田之法"，从而确立了用地与养地结合、"以田养田"的原则。各地农民继承和发展了合理轮作的优良传统，在南方发展了多种形式的水旱轮作制，在北方则发展了以豆谷轮作为基础的轮作复种制。豆谷轮作、绿肥轮作和水旱轮作仍然是今天需要继承弘扬的优良农业传统。

第二节
播种有方法

播种技术

　　原始农业的播种技术比较简单，只有穴播和撒播两种。穴播一般是先用于种植块根、块茎植物，后来才用于播种谷物；撒播则用于播种粮食作物。云南怒江地区的独龙族直到清朝末年还在采用这两种方法来播种谷物："所种之地，惟以刀伐木，纵火焚烧，用竹锥地成眼，点种苞谷。若种荞麦、稗、黍之类，则只撒种于地，用竹帚扫匀，听其自生自实，名为刀耕火种，无不成熟。"（夏瑚《怒俅边隘详情》）海南岛黎族将这种方法称为"砍山栏"，即火耕之后，男子手持尖木棍（木耒）在前面"锥地成眼"，妇女紧跟在后面点种谷物。广西中东南部十万大山中的瑶族在山坡上点播时，也是男子在前边打洞，女子跟在后边点种。考古学家在华南地区新石器时代早期遗址中还发现一种穿孔石器。据宋兆麟先生、周国兴先生研究就是套在点种棒（木耒）上以增加重量的"重石"，用以"锥地成眼"，进行穴播。

　　撒播是用手直接抛撒，不可能有考古实物遗留下来。难得的是湖南省澧县城头山古稻田中有迹可循："在第一期城墙和最早的文化层之下、生土之上，露出青灰色纯净的静水沉积，有很强的黏性。参与发掘的村民认为这是稻田土。将这层土表面整平，现出清楚的因一干一湿而形成的龟裂纹。挖取部分土样，从中拣选出稻梗和根须，和现在农田中所拔取的比较，简直没有区别。从局部剖面观察，可以看出一根根往下伸展的根须或留下的痕迹，可辨识出当时采用的是撒播。"这是到目前为止研究原始农业播种技术唯一的考古材料，实在要感谢发掘者的细心观察和详尽记录。

商周时期的播种方法还是以撒播为主。但《诗经·大雅·生民》已有"禾役穟穟"诗句，役即列，就是行列之意，穟穟是形容行列整齐通达之词。联系两周时期田中已有"亩"（垄），推测当时可能已出现条播的萌芽。不过真正推行条播还是在春秋战国时期，当时已认识到撒播的缺点："既种而无行，耕而不长，则苗相窃也。"而条播则"茎生有行，故速长；弱不相害，故速大"（《吕氏春秋·辩土》）。因而垄作法在战国时期得到推广，在汉代得到普及。

汉代在条播方面的突出成就是发明了播种机械耧犁。东汉崔寔《政论》："武帝以赵过为搜粟都尉，教民耕植。其法：三犁共一牛，一人将之，下种、挽耧皆取备焉。日种一顷。至今三辅犹赖其利。"这是一种将开沟和播种结合在一起的农业机械。这一发明早于西方1400年，18世纪传到欧洲，对西方农业机械的改革起了推动作用。赵过是汉代推广"代田法"的主将，史书将耧犁也归在他的名下不是偶然的。代田法的要求之一就是将土地开沟起垄，种子播在沟里，也就是实行条播。赵过为了实行代田法，大力推广开沟起垄的整地机械耦犁，提高工效十几倍，自然就要求改变原来徒手播种的落后技术，采用机械播种。能"日种一顷"的耧犁就是适应当时农业生产的客观需要而发明的。历史将这一功绩和赵过连在一起，也是顺理成章的。

水稻移栽技术是汉代在播种技术方面的另一重大成就。水稻种植一向是采用撒播方式。但至少在东汉就已发明了育秧移栽技术。东汉月令农书《四民月令》中提到："五月可别稻及蓝。"别稻就是移栽水稻。育秧移栽既可以促进稻株分蘖，提高产量，又可节省农田，有利复种，在水稻栽培史上是一重大突破。四川省新津县出土的陶水田模型，田中有行列整齐的秧孔，反映当时已采用移栽技术。贵州省兴义市出土的水田模型也刻画出整齐的禾苗形象。广东省佛山市出土的水田附船模型上也有农夫插秧的形象。四川省峨眉县出土的石刻水田和画像砖上都有农夫耘田的场面，也是采用移栽技术种植水稻以后才能有的景象。

魏晋南北朝时期播种的方法也是撒播、条播和点（穴）播三种。条播多用耧车，撒播和点播则是用手，甘肃省嘉峪关市魏晋墓出土的播种画像砖上就有用手播种的形象。据《齐民要术》记载，当时点播中有一种"逐犁耧种"方法，是在用犁耕过后，随即下种，再盖上土，种麦子常用此法，效果较好。嘉峪关魏晋墓出土的画像砖中有一幅耕种图，画面上有两组人在劳动，前面一人扶犁耕地，中间一人下种，后面一人驱牛拖耱盖土，可能就是《齐民要术》所记载的"逐犁耧种"的方式。

 ## 良种选育和栽培技术

1. 良种选育技术

（1）粒选和穗选

谷类作物的粒选和穗选，这种方法在我国奠基于魏晋南北朝时期，到明清时期则更加完善和普及。如耿荫楼的《国脉民天·养种》认为，种地必先细拣，方法是："于所种地中拣上好地若干亩。所种之物，或谷或豆，即颗颗粒粒皆要仔细精拣肥实光润者，方堪作种用。此地比别地粪力、耕锄俱加数倍，愈多愈妙……则所长之苗与所结之子，比所下之种必更加饱满，又照所法加晒，下次即用此种所结之实内，仍拣上上极大者作为种子……如此三年三番后，则谷大如黍矣。"此即粒选。

杨屾《知本提纲·农则》有"择种"一段，较之耿荫楼的"养种法"在理论认识上更加明确，在选择方法上也更加细致。其中指出"母强其子必壮"，种要"取佳穗，穗取佳粒，收藏又自得法"，就能获此效果。对选择种子地，认为既不应瘠薄，也不可太肥，但必须多上底粪。在管理上要加强中耕培土，按期浇灌，成熟期继续穗选，收获后，再进行粒选。说明混合选种技术已愈臻完善。

（2）"单科"选择与系统培育。

清康熙帝的《几暇格物编》中曾谈到"御稻米"和"白粟"的培育经过。在丰泽园稻田中，"时方六月下旬，谷类方颖，忽见一科高出众稻之上，实已坚好，因收藏其种，待来年验其成熟之早否。明岁六月时，此种果先熟，从此生生不已"。这种早熟、生育期短、色微红、粒长，气味香美，一年可种

古代播种农具

两次的"御稻米"就是这样从"玉田谷种"中单株选出的。康熙帝先命苏州等地种植，可一年两熟，且有相当高的产量，后又将种子颁给皖、浙、赣和苏北等地种植。至于白粟，则是在"乌喇地方树孔中，忽生白粟一科，土人以其子播获，生生不已，遂盈亩顷，味既甘美，性复柔和。有以其粟来献者，朕命布植于山庄之内，茎秆叶穗，较他种倍大，熟亦先时。作为糕饵，洁白如糯稻，而细腻香滑殆过之"。这种早熟质美的名种也是从一般粟中发现的单株培育而成。这种单株选择和系统繁殖的方法和农民中"一穗传"的传统经验没有什么区别。

这时期由于选种技术的进步，培育出许多优良品种。明黄省曾《稻品》和清方以智《物理小识》等记载了许多水稻品种，清《授时通考》则记载了16省223府县的3000多个水稻品种。至于地方志记载更多，其中有抗病虫、抵旱涝、耐瘠、耐风、耐寒等各种抗逆性很强的类型，给后人留下了一份极其珍贵的遗产。

2. 栽培管理技术的提高

（1）水稻栽培管理技术

① 秧田整治和育秧技术

明末《沈氏农书·运田地法》总结的秧田整治经验是："秧田最忌稗子，先将面泥邵去寸许，扫净去之，然后垦倒，临时罱泥铺面，而后撒种。"就是说，制作秧田须先将表土刮去寸许再行垦倒，播种前再铺上一层河塘泥。

清《齐民四术》进一步讲，要挑选表层土厚的作秧田，将其"耕劳极熟"，取浮土和牛粪，以乱草烧成火粪。然后"以石滚滚田使坚平"并筛除火粪中的粗块，将火粪匀铺一寸多厚，浇水"令平湿透"，筑好坚实的田畔，然后播种。经过这样处理，不但可以清除杂草、防治病虫和提高土壤的肥力，而且秧苗生长在这种上松下实、浅施基肥的土地上，容易出苗生长，又不至于扎根太深，将来起秧可以比较省力，不会拔断秧根。

关于育秧，明清时期总结了疏播育壮秧、落秧宜浅及盖秧灰等方面的经验。如《沈氏农书》指出，如果秧田草种已绝，播种便不妨稍稀，使秧苗培育得更加粗壮。《浦泖农咨》在谈到育秧播种深浅时说："秧田宜平宜松，撒秧宜匀宜浅，初落时宜稍干，干则根入泥不深，异日拔时不至脱根也。""初落时宜稍干"是说播种时秧板必须晾到不干不烂的程度，这样不但播种时可匀可浅，同时秧苗根系入土也不会过深。

对于盖秧灰，《便民图纂》说，经过浸种催芽的稻种，"芽长二三分许，拆开抖松，撒田内……二三日后，撒稻草灰于上，则易生根"。

此外，《齐民四术》还简略地谈了一种育旱秧的方法："又有种旱秧者，下种以水饮之，使着土即止。"这种秧田多半是以干田或旱地做成的，由于整治过程中始终不用水，仅仅下种时用水，因此秧苗生长比较缓慢。这样育成的秧苗比较老健耐旱，移栽后返青较快，抗逆性强，是一种防备春旱的有效措施，在缺水的北方地区和南方山丘区是值得重视的一项节水技术。

② 插秧时期和插秧方法

秧龄三四十天的秧苗，一般称作"满月秧"，古人认为满月秧正适于移栽。但如果遇上特殊情况，不能移栽，变成老秧，势必影响将来产量。如《天工开物·乃粒·稻》中说："秧过期老而长节，即栽于亩中，生谷数粒结

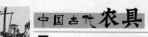
果而已。凡秧田一亩所生秧，供移栽二十五亩。"

关于插秧的方法，马一龙《农说》认为："栽苗者……先以一指搪泥，然后以二指嵌苗置其中，则苗根顺而不逆。"二指嵌苗插入土中，秧眼（秧苗植入土中的小穴）细小，秧苗才插得端正，插得稳，并减少漂秧。对此，《三农纪》还提出，利用大田耙后水浑时期立即栽插，这样便于栽后泥浆下沉时，封住秧眼，使秧苗站得更稳。

③ 中耕除草

水稻的中耕除草，俗称"耘耥"，马一龙《农说》称为"捣荡"。耘耥的目的之一是"固苗"，"固本者，要令其根深入土中。法在禾苗初旺之时，断去浮面丝根，略燥根下土皮，俾顶根直生向下，则根深而气壮"。

耘耥的另一效果是除草。《农说》认为治草于未萌之时，则"用力少而成功多"。《沈氏农书》对于稻田除草的未萌先治说得更为精辟，它说："平底之时，有草须去尽，如削不能尽，必先拔去而后平底，盖插下须二十日方可下田拔草，尚插时先有宿草，得肥骤兴，秧未见活而草已满，拔草费力，此欲所谓亩三工，若插时拔草先净，则草未生而苗已长，不消二十日便可拔草，

古代播种农具

草少工省，此俗所谓工三亩。"

关于耘耥的次数，《潘丰豫庄本书》要求从小满到大暑耘耥三四次。《浦泖农咨》则主张自小暑至立秋，三耘三耥。

④ 灌溉与烤田

对于水稻需水规律的认识，马一龙《农说》中指出：水稻抽穗扬花期间，久雨烈风，都将影响结实；而在灌浆成熟期，如田内缺水而太干燥，则稻谷会不饱满而减产；如果积水过深，往往使稻斑黑腐败，两者都会毁坏收成。《沈氏农书》亦指出："处暑正做胎，此时不可缺水"，"自立秋以后，断断不可缺水"，"若值天气骤寒霜早，凡田中有水，霜不损稻，无水之田稻即秕矣"。

关于稻田的水温，《农说》认为水温过高，将使稻田郁蒸。《潘丰豫庄本书》说："三伏天太阳逼热，田水朝踏夜干，若下半日踏水，先要放些进来，收了田里的热气，连忙放去，再踏新水进来，养在田里，这法则最好，不生虫病。"《农政全书》又说"下田水不得冷"，若用山间泉水灌溉，则须"委曲导水"，加长流程，使水多经日晒。

关于水稻田的烤田，《沈氏农书》说："立秋边，或荡干，或耘干，必要田干缝裂方好，古人云：'六月不干田，无米莫怨天'，惟此一干，则根派深远，苗干苍老，结秀成实，水旱不能为患矣。干在立秋前，便多干几日不妨；干在立秋后，才裂缝便要车水。盖处暑正做胎，此时不可缺水。"立秋前重烤，可促使稻苗根系下扎，达到茎秆苍老的效果；立秋后要轻烤，此时即将拔节孕穗，不会影响幼穗的生长；处暑后为孕穗阶段，此时不能缺水，不可进行烤田。此外，明代《缀园杂记》和清代《梭山农谱》等指出冷水田要进行重烤，可"任烈日暴土拆裂不恤也"，重烤冷水田可促使稻苗生长。

（2）棉花栽培管理技术

明末，徐光启通过实践，总结出的植棉经验是"精拣核，早下种，深根，短秆，稀科粪壅"。这"十四字诀"经验对指导当时及其后棉花生产有很大作用。

① 棉子精选和温汤浸种

《农政全书·木棉》记载的精选种子问题是："临种时用水泡湿，过半刻淘汰之。其秕者、远年者、火焙者、油者、郁者皆浮；其坚实不损者必沉。沉者可种也。"这就是说棉花种子经过水选后，还要进行粒选，以提高播种质量。

《豳风广义》指出，棉籽在播前应采用沸水烫种处理："种时先取中熟青白好棉子，置滚水缸内，急翻转数次，即投以冷水，搅令温和，如有浮起轻秕不实棉子，务要捞净，只取沉底好子，漉出，以柴灰揉拌，灌田畦种。"《农圃便览》、方观承的《棉花图》等都曾谈到沸水烫种的方法。

② 提早播种和合理密度

适时播种是争取棉花丰产的一个重要条件，明清时代的农书大多认为清明、谷雨是棉花播种适期，因此时已不再有霜，早种可以早发。如《农政全书》指出：上海一带植棉，最好在清明前五天内播种，济南纬度高出上海六度，阳信更在济南之北，阳信清明播种棉花，上海不应晚于阳信。如果棉田冬季必须种麦，则种麦用点播，在麦间套种棉花，麦收后用追肥促使套种的棉苗生长发育。

关于棉花的种植密度，明清时代各农书，几乎无一例外地都主张稀植。如《农政全书》说："木棉一步留两苗，三尺一株。"书中还列举，"棉花密种者有四害：苗长不作蓓蕾，花开不作子，一也；开花结子，雨后郁蒸，一时堕落，二也；行根浅近，不能风与旱，三也；结子暗蛀，四也。"过去，植棉有"肥田密种"和"瘠田欲稠"两种说法。但徐光启认为，土壤不论肥瘠都不能密植。

对于"花王"的培养，徐光启说："吾乡种棉花，极稔时间有一二大株，俗称为花王者，于干上结实，旁枝甚多，实亦多。"他认为选用优良的种子，种得早，种得稀，土地肥沃，又遇上风调雨顺，就能培育成"花王"。

③ 打顶摘心

早在元代，《农桑辑要》就已有棉株打顶整枝技术的记载，至明代，这一技术又有较大发展。如《农政全书》引《张五典种法》说：棉花"苗之去叶心，在伏中晴日，三伏各一次，有苗未长大者，随时去之……去心不宜于雨暗日，雨暗去心，则灌聋而多空干"。它比元代的《农桑辑要》中的"常时掐去苗尖"的提法，更明确具体。

《农政全书》提出整枝的具体时期是："苗高二尺，打去冲天心者，令旁生枝，则子繁也。旁枝尺半，亦打去心者，勿令高枝相揉，伤花实也。摘时视苗迟早，早者大暑前后摘；迟者立秋摘；秋后势定勿摘矣！"以棉苗状况和节气作为依据整枝也更为合理。

（3）油菜的栽培管理技术

油菜又名"芸薹""胡菜"，早在汉代已有栽培，宋元时期栽培已较广泛。到明清时期，因榨油的需要而有较大发展，所以李时珍说"近人因有油利，种者亦广"。

关于油菜的栽培管理，《便民图纂》记载说："八月下种，九十月治畦，以石杵春穴分栽，用土压其根，粪水浇之。若水冻，不可浇。至二月间，削草净，浇不厌频则茂盛。薹长，摘去中心则四面丛生籽多。"徐光启在《农政全书》中所记"吴下人种油菜法"技术更为精细，强调积粪灰泥，精细整地、移栽管理。

此外，《三农纪》还记载四川直播油菜的方法："以亩计籽，以籽拌入灰粪中，量地大小，一人掘窝，约六七寸远一穴，一人点籽，候长三四寸，去弱，留强者一二株，耘之，再以麻饼末浸入浇。"安徽也用直播法，据《齐民四术》记载："种时同麦，起扳撒牛粪，播籽而劳之，亩二升。"

明清时期，油菜栽培的主要目的是为了榨油，因此当时十分重视薹期的打薹，以便促进分株的生长，增加产量。《便民图纂》说"摘去中心则四面生籽多"，《农政全书》说"二月中生薹，摘取之"，《物理小识》说"摘其薹心食之，枝遂旁发，结子繁衍"。

《齐民要术》 上所提出的播种方法

后魏贾思勰所著的《齐民要术》上所提出的播种方法已比较全面，可分为撒播、条播及点播三大类。

属于撒播的有："漫掷（掷）"及"耧耩漫掷（掷）"。"漫掷（掷）"的意思大致是用手成片的撒播，然后用耢或捷（详后）加以复土；"耧耩漫掷（掷）"大致是前边用耧开沟，再由人在后边比较分散地把种子撒在沟中，然后加以复土、压实等工作。

属于条播的有："耧种"及"耧耩耧种"。"耧种"是用耧直接播下，这是真正的条播；"耧耩耧种"大致是前边用开沟耧，再由人在后边紧密地按行将种子撒在沟中，然后加以复土、压实工作（与耧耩漫掷（掷）有些不易分别）。

属于点播的有："耩种"及"逐犁耧种"。"耩种"是在没有耕翻的土地上掘坑点种；"逐犁耧种"大致是用犁将土壤整理过再点种下去。

《王祯农书》 上所提出的播种方法

在《王祯农书》农桑通诀中所提出的播种方法有"漫种"、"耧种"、"瓠种"及"区种"。漫种就是撒播，耧种就是条播，瓠种就是点播，区种相当于一种极规律的点播。

《王祯农书》卷七，田制朗，区田，引《氾胜之书》，说："汤有七年之旱，伊尹作为区田，教民粪种，负水浇稼，诸山陵倾阪及田丘城上，皆可为之。"似在荒旱年，教人民用最大的力量，如多施肥、勤灌溉、勤除草等，经营小量土地，使之丰产，以备度荒的一种措施，又似我国近年来在山地为保持水土所提倡的"鱼鳞坑"做法。《王祯农书》上有区田图说，谨录前数行如下："按旧说：区田地一亩，阔一十五步，每步五尺，计七十五尺，每一行占地一尺五寸，该分五十行，长一十六步，计八十尺，每行一尺五寸，该分五十三行，长阔相乘，通二千六百五十区，空一行种一行，于所种行内隔一区种一区，除隔空外，可种六百六十二区，每区深一尺，用熟粪一升与区土相和，布谷匀复，以手按实，令土种相着，苗出看稀稠存留，锄不厌频，旱则浇灌，结子时锄土深壅其根，以防大风摇摆。"据书上所说，每单位面积的产量是相当高的。

知识链接

嘉种选育

春秋时代的《诗经·大雅生民》里"诞降嘉种，维秬维秠，维穈维芑"。"嘉种"，也就是现代所说的优良品种。战国时期，人们进一步提出了"良种"的标准。比如，当时北方地区的主要粮食作物"粟"（俗称"小米"）的良种标准是：苗要长得壮，穗子要大，籽粒要圆，米质要好，做出来的饭口感也要好，等等。谁来培育良种呢？值得庆幸的是，历史上关心农业的圣人名士很多。比如，汉代有一位很有名的农学家，叫氾胜之。他总结出了一套现在叫"穗选法"的育种技术，在历史上起了很大的作用。穗选法就是在庄稼还未成熟时，到地里去观察，有符合良种条件的植株就记下来，等到它成熟了，就选出来，单收单藏，来年再种再观察，如果还符合标准，以后就扩大繁殖，用作大面积播种。这样，一个新品种就选出来了。

第三节
中耕农具与方法

松土除草——耧锄

耧锄是我国第一个采用畜力的中耕、除草及培土的机械，最早的记载是在《种莳直说》，因为《种莳直说》是宋元间的著作，所以至少已有六七百年的历史了。

元代司农司编的《农桑辑要》卷二，种谷上引《种莳直说》："芸苗之法，其凡有四，第一次曰撮苗（按即间苗，留成适当的撮）；第二次曰布；第三次曰拥；第四次曰复，一功不至，则（则）稂莠之害，秕糠之杂入之矣，今之器以锄，营州之东以锄，爰有一器，出自海壖，号曰耧锄，撮苗后，用一驴带籠嘴挽之，初用一人牵，惯熟不用人，只一人轻扶，入土二三寸，其深痛过锄力三倍，所办之田，日不啻二十亩，今燕赵多用之。"

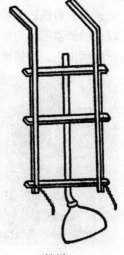

《王祯农书》卷十，农器图谱四，钱镈朗，有耧锄图，图说大致与前述相同，后边并引："今燕赵间用之名曰剗子，剗子之制又少异于此，剗子第一遍即成沟子，谷根未成不耐旱，耧锄刃在土中，故不成沟子，第二遍加擗土木鴈（雁）翅方成沟子，其土分壅谷根，擗土用木厚三寸，阔三寸，长七寸，取成三角样，前为尖，中作一窍，长一寸，阔半寸，穿于铁锄柄上压锄刃上。《韩氏直就》云：如耧锄过苗间有小豁不到处，用锄理拨一遍，即为全功也。"

耧锄

从以上的记载看，对于耧锄的锄刃还可以附装一种附件"摔土木鴈（雁）翅"，不装时只能松土除草，不能培土。装上以后，就能对作物的根部培土，这也是一项很聪明的设计。在苗与苗之间，如有锄不到的地方，还可用普通的锄理拨一遍。

在抗战期间，日本人田村真吾所编的《北支农具调查》上，载有济南附近所用的耘锄两种，其中一个只有一个锄土器，相当于《王祯农书》上耧锄或前述的耠（劐）子，第一个具有三个锄土器，与解放以后华北农业机械总厂所制的三齿耘锄相似。唯不知创始于何时。

挖土除草——铲

铲是一种直插式的农具，和耜是同类农具，在原始农业的生产工具中并无明显区别。现在一般将器身较宽而扁平、刃部平直或微呈弧形的称为"铲"，而将器身较狭长、刃部较尖锐的称为"耜"。最早的铲是木制的，浙江省余姚市河姆渡遗址就出土过木铲。各地出土更多的是石铲，也有少量骨铲。铲的器形多样，早期的呈长方形，较晚出现的有肩石铲和钻孔石铲，使用时都需绑在木柄上。商周时期出现青铜铲，肩部中央有銎，可直接插柄使用。

河南省郑州市人民公园出土过一件带柄的青铜铲，由此可以了解商代青铜铲的全貌。春秋时出现铁铲，到战国时铁铲的使用更为普遍，形式有梯形的板式铲和有肩铁铲两种。至汉代始有铲的名称，《说文解字》已收有"铲"字。汉代的铲器形较为多样，有宽肩、圆肩、斜肩几种形式。四川汉墓中经常有执铲陶俑出土，陶俑所执的铲肩宽且平，刃部收缩呈弧形，附有长柄，从其与陶俑高度的比例测算，与现代的铁锹大小一样。铁铲在汉唐以后一直是主要的挖土工具之一，在宋元时期称为"铁锹"或"铁锨"。《王祯农书》："煅铁为首，谓之铁枚，惟宜土工。"北方的一些金元时期遗址中常有铁铲出土，其形制大小都与现在的铁锹相似，说明铁铲到此已经定型，至今没有太大的变化。

青铜铲

稻田除草——耘荡

耘荡，是稻田除草中耕农具，始见于元代江浙地区，有的地方称为"耥"。耘荡也是一种简单高效率的手工农具。在南宋初期，从陈旉《农书》来看，耘田还是直接用手耘（耘，即水田除草）。到了元代，出现了耘荡这种耘田专用农具。耘荡的工作效率比手耘或用耙锄耘高得多，而且大大减轻了体力消耗。

《王祯农书》中记载，耘荡当时是江浙一带农村新创制的农具，其形状像一只大的木鞋，长有1尺多，宽约3寸，木板底面钉上20枚短钉，木板上面装上一杆竹柄，竹柄长五尺多。耘田的时候，农民执耘荡往返推荡稻田的行间草泥，使田泥溶烂，杂草埋入泥中。这种耘荡要比耙锄好，并可省去弯腰手耘的劳苦，而且每天耘田的面积比手耘可增加一倍。

以往江东等处农家皆以两手耘田，匍匐禾间，膝行而前，日曝于上，泥浸于下，相当辛苦。到了明代中叶，从邝璠《便民图纂》看到，耘荡已在江南广泛使用了。耘荡的发明，使弯腰曲背的耘田姿势转变为站立，减轻了人们耘禾除草的劳动强度，提高了劳动效率。

我国古代对于中耕除草重要性的认识

播种出苗以后，须加以多次的中耕除草工作，方能发育生长得好，使产量增多，中耕的作用主要是间苗、松土、除草、培土和保持水分等，我国在2000多年以前，对于这些方面就有了充分的认识。

有关间苗者，如《吕氏春秋》辩土篇："苗，其弱也欲孤，其长也欲相与居，其熟也欲相扶，是故三以为族，乃多粟。"又："凡禾之患，不俱生而俱死，是以先生者美米，后生者为粃，是故其耨也长其兄而去其弟。"

有关松土及保持水分者，如《齐民要术·杂说》："锄耨以时，谚曰：锄头三寸泽，此之谓也……苗出隴（陇）则深锄，锄不厌数，周而复始，勿以无草而暂停……"同书，种瓜第十四，"多锄则饒（饶）子，少锄则无实"。这说明中耕不仅为除草，疏松土壤，对于保持水分、吸收太阳热及空气流通都有益，结果能增加产量。

关于除草及培土者，如《诗经·小雅·甫田》："今适南亩，或耘或耔，黍稷薿薿"。《左传》隐公六年（公元前717年），"为国家者，见恶如农夫之务去草焉，芟夷蕴崇之，绝其本根，勿使能殖，剐善者伸矣。"《汲冢周书》，"若农之服田，务耕而不耨，惟草其宅之。"《王祯农书》卷三，农桑通决三，锄治篇第七，"稂莠不除，则禾稼不茂，种苗者不可无锄芸之功也"，《庄子杂篇》，则阳第二十五："长梧封人问子牢曰：君为政焉勿卤莽，治民焉勿灭裂，昔予为禾，耕而卤莽之，则其实亦卤莽而报予，芸而灭裂之，则其实亦灭裂而报予，予来年变齐（原注：'更变而整齐之'，其实似可解释为变更对待的办法），深其耕而熟耨之，其禾繁以滋，予终年厌飧。"

关于除下之草可沤作肥料者，如陈旉《农书》，"耘锄之草，和泥渥漉，深埋禾苗根下，沤罨既久，则草腐烂而泥土肥美，嘉谷繁茂矣"。

根据以上这些记载，可知我国古代劳动人民对于中耕除草各方面的作用及其对生产上的重要性，早已有很全面很深刻的认识。

 ## 中耕技术

中耕是我国传统农业生产技术体系中的重要环节，国外有的农学家曾把我国的传统农业称为"中耕农业"。中耕主要是除草、松土，改善作物的生长环境。原始农业在播种后"听其自生自实"，自然没有中耕这一环节。后期可能有除草等作业，主要是靠手工或是一些简单的竹木工具来操作。到了商周时期，中耕技术有了一定的发展，据胡厚宣先生的考证，甲骨文中一些字像是双手在壅土或者是用工具锄地除草，看来商代已有除草和培土技术。《诗经·小雅·甫田》："今适南亩，或耘或籽，黍稷薿薿。"《毛传》中提到："耘，除草也。籽，壅本也。"说明至迟在西周时期，人们已认识到除草培土（耘、籽）对作物生长的促进作用，中耕技术确已产生无疑。当时田间的杂草主要是莠和稂，如"维莠骄骄""维莠桀桀"（《诗经·齐风·甫田》）、"不稂不莠"（《诗经·小雅·大田》）等。莠是像粟苗的狗尾草，稂是像黍苗的狼尾草，都是旱田农业中的似苗实草的伴生杂草，当时都已能识别并要求清除干净，达到"不稂不莠"的程度，可见对除草工作已很重视。另外，还有两种野草是茶、蓼。《诗经·周颂·良耜》："其镈斯赵，以薅茶蓼。茶蓼朽止，黍稷茂止。"即用锋利的农具锄头将茶和蓼这两种杂草薅除，茶蓼这些野草腐烂了，黍稷这些粮食作物就得以生长茂盛。可见到了西周时期，不但强调中耕除草，而且已经利用野草来肥田了，这也是一个进步。商周时期出现的锄草农具就是为这一中耕技术服务的。

中耕锄草在战国时期称为"耨"。如"深耕易耨"(《孟子·梁惠王上》)、"耨者,熟耘也"(《韩非子·外储说左上》)。垄作技术和条播方法的推行,使中耕除草成为生产中的一个重要环节。当时非常强调中耕,甚至要求做到"五耕五耨,必审以尽",以达到"大草不生,又无螟蜮。今兹美禾,来兹美麦"(《吕氏春秋·任地》)的目的。当时进行耨的工具也叫作"耨",是一种短柄的小铁锄。据《吕氏春秋·任地》记载:"耨柄尺,此其度也。其耨6寸,所以间稼也。"耨柄的长度只有1尺,只能是单手执握"蹲行畎亩之中"进行锄草工作。耨的宽度只有6寸,亦可推算当时条播的行距大体不宽于1尺,与"垄宽一尺,沟深一尺"的垄作法也是相符的。战国时期新出现的一种六角形铁锄,体宽而薄,不适于掘土,只能用于中耕锄草。它安装一长柄,人可以双手执锄站在田间锄草,既可减轻疲劳,又提高了劳动效率。因刃宽且平,锄草面积大,两肩斜削呈六角形,锄草时双肩不易碰伤庄稼,故特别适于垄作制的要求。因而各地都有出土,并且一直延续使用到汉代。

汉代很强调中耕除草。《氾胜之书》就把"早锄"作为田间管理的重要环节,对各种作物都要求"有草除之,不厌数多"。如"麦生根茂盛,莽锄如宿麦";"豆生布叶,锄之。生五六叶,又锄之";"麻生布叶,锄之";等等。书中又说:"麦生黄色,伤于太稠。稠者锄而稀之。"中耕不但除草,并有间苗之功。汉代农具中有专门用来锄草的铁锄(如前述的六角形铁锄)。《释名》:"锄,助也,去秽助苗长也。""锄"在汉代又写作"鉏",《说文解字》:"鉏,立薅所用也。"都说明锄是专门用来中耕锄草松土的,不同于用来翻土整地的锸、镢等农具。山东省泰安市、河南省南阳市和江苏省泗洪县重岗出土的东汉锄草画像石,以及四川省成都市土桥出土的东汉农作画像石中的锄芋场面都使我们看到了所谓"立薅"的中耕情形。至于水田的中耕技术因缺乏文献记载,只有从出土文物中去寻觅。四川省峨眉县出土的东汉水塘水田石刻模型,右下角刻有两个农夫伏在田中用手耘田的形象,说明当时水稻已采取育秧移栽技术,田中有行距,人才可以下去除草。手耘非常辛苦,但是除草很彻底,通常是将草拔起来再塞进泥中,腐烂后可以肥田,这是用其他工具中耕难以做到的。另一种方式是脚耘。如四川省新都县出土的东汉薅秧画像砖,左半部就有农夫在脚耘的情景。脚耘就是用脚趾扒烂稻田泥土,将田中杂草踩入泥中,使之腐烂。脚耘的质量稍逊于手耘(主要是不便于拔草,只能踩草,有时野草可能复活)却高于用其他工具耘禾。脚耘速度较慢,久立容易疲劳,故需扶根竹棍以便于站立，又可减轻疲劳。这种耘田方式今天在南方的一些农村中还可见到。大体上是初耘时伏地用手爬耘，清除田中杂草；二耘、三耘时因稻苗长高，会刺着胸腹，故不能再伏地爬耘，必须站立改用脚耘。因为劳动强度大，速度较慢，今天也只在一些人多地少实行精耕细作的地区采用。

魏晋南北朝时期继承了汉代的中耕技术，更强调多锄、深锄、锄早、锄小、锄了。《齐民要术》中有详细的记载，并指出中耕的好处除了除草之外，还可以熟化土壤，增加产量："锄者，非止除草，乃地熟而实多。"（《种谷第三》）"锄麦，倍收，皮薄、面多。"（《种麦第十》）中耕还有防旱保墒的作用："锄耨以时。谚曰：'锄头三寸泽。'"（《杂说》）在锄草方式上，除人工外，还使用畜力牵引中耕农机具。河南省渑池县窖藏铁器中有一种从未见于记载的双柄铁犁，犁头呈"V"字形，没有任何磨损痕迹，套上"V"形铧冠正合适，两翼端向上伸一直柄，应是安装木柄扶手供操作的。柄上可能连接双辕或者系绳，以牛或人为动力进行牵引。此犁不宜耕翻田地，只适于在禾苗行间穿过，松土除草，有利保墒，可称为"耘犁"，类似后来的耧锄。

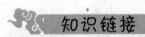

知识链接

间作套种

套种，就是在较短的生长期内收获两季作物、提高土地利用率的办法。我国大约在汉代已实行间作套种制。西汉《氾胜之书》首先总结了瓜、薤、小豆之间实行间作套种的经验。《齐民要术》说，间作套种是"不失地力、田又调熟"的措施。比如，在桑地的行间种植小豆和绿豆，能获得"二豆良美，润泽益桑"的效果。宋元时期，间作套种有了较大的发展。南宋农学家陈旉主张采用"桑苎间作"的技术，总结出"桑根植深，苎根植浅，并不相妨，而利倍增"的经验，这是深根作物与浅根作物进行间作组合的原则。元代的农书进一步总结出了桑间不宜种植蜀黍的经验，因为桑间种植蜀黍"如此丛杂，桑亦不茂"，这是高棵作物与矮棵作物不宜间作的原则。

古代灌溉与收获农具

我国农业生产自古以来,就十分重视农田水利,秦汉时期除利用战国的农田灌溉工具外,还发明了一些新式灌溉农具,借以保证高产稳收的水利技术措施。秦汉时期的农田灌溉,主要还是利用漫溢灌溉。人们很早就利用了水位高于农田的水源来灌溉,这样水借助于自身的重力作用,就可以被引入农田。作物成熟后必须及时收割,收割的工具主要是镰刀。

第一节
北方军地灌溉农具

杠杆浇田——桔槔

《论语》记载有这样一个故事：孔子的学生子贡，有一天路过汉水南面的一个地方，看到一个老农，抱着一瓦罐的水浇菜，罐中的水是从井里提取的。瓦罐本身是很重的，再装满一罐水，当然就更重了。抱着瓦罐往来提水灌溉，将多么费力！用来灌溉的瓦罐不可能很大，容纳的水就不可能很多。抱着这样的瓦罐浇菜，效率之低，可以想见。于是子贡向老农介绍了桔槔装置的方法。

桔槔的装置很简单：用一根长杆，中间较高的横挂在架上；长杆的一头挂水桶，另一头绑上或悬挂一块重石。汲水时，把挂水桶的一头向下拉，使桶垂入井中，这时绑重石的一头高高翘起。桶中装水后轻轻上提。因为长杆另一头重石的下压，所以不必费多大气力，水桶即被提到地面上来，然后倾入田中。桔槔利用杠杆的原理，比全凭双手从井中提水省力多了。所以子贡说，利用桔槔，可以"一日浸

耕织图上的槔

百畦，用力甚寡而见功多"。

桔槔并不是子贡所发明的，他只是把在别的地方看到的装置方法转告这位老农而已。据考证，桔槔可能创始于商代初期，那么在子贡之前的一千年前就已有这种提水装置了。

滑车、辘轳车及双辘轳

由井中向上汲水，除用绳或用杆直接上提以外，当井浅时，可用桔槔，但井深时桔槔即不适用，第一步发展应是采用滑车，把向上用力改变为向下用力。在《考古学基础》商周考古一段上说："在开端庄及张家坡（西安）都曾发现西周的井，井口形状是椭长形，长近2米，宽近1米，上下垂直。较长两壁的中间有脚窝。左右可以容两个吊桶，深都达水面，有的至7米尚未到底。"据推想，这样的井至少已采用了滑车，最近成都扬子山出土的汉砖上有盐井图的一块和成都站东乡出土的汉陶井模型上边都有滑车的装置。

第二步发展是由滑车改为辘轳，因为滑车只能变换用力的方向，便于用力，而辘轳则有省力的功用。

辘轳发明的年代，没有很早的记载，只是《物原》上有"史佚始作辘轳"的话。史佚是周代初年的史官，如果这一记载是可靠的话，就是已有三千年左右的历史。比较更可靠的有关辘轳的记载是：（1）魏明帝（公元

商代骨铲

227—239 年）起凌云台，使韦诞写匾，挂上以后，看着不够好，把他装在一个笼子里用辘轳引上加以修正；（2）后赵（公元335—348 年）石虎曾用辘轳载着凤凰衔诏飞下，谓之凤诏。

自动提水——筒车

筒车是利用水流为动力自动提取河水的灌溉工具。它的外形像一个巨大车轮，周围系有许多竹（木）筒，所以常被人们形象地称为"水轮"。筒车用木材制成大型立轮，由一横轴架起，轮的周围斜装若干小竹筒（也可以用木筒），轮的下部有一部分浸入水中，流水冲击轮周围的栏板转动立轮，当装满水的小筒转到上部后，自动将水泻入木槽，流到田里灌溉禾苗。

筒车最早出现在唐代。唐代陈廷章的《水轮赋》对筒车的结构、功用描

述道："水能利物，轮乃曲成，升降满农夫之用，低徊随匠氏之程"，"斫木而为，凭河而引"。筒车有水轮、卫转（驴转）筒车、高转筒车等形制，后两种结构复杂，使用起来不大方便，没能得到推广，而水轮（筒车）因其利用流动河水的力量推动，不需要外加动力，而且功效大、结构比较简单，一直在农村流传，至今在北方黄河边和南方部分山区还在使用。

筒车最大的优点是，只要有流水作为动力，就能日夜不停地取水灌田。

水转筒车

知识链接

作物外传

在古代，我国不论是农业技术还是经济制度，都远远走在世界的前列，在文化传播上，不仅对周边国家产生过深刻影响，欧洲各国也从我国古代文明中吸取了物质的和精神的成果。我国最早育成的水稻品种，三千年前就传入了朝鲜、越南，大约两千年前传入日本。大豆是当今世界普遍栽培的主要作物之一，它是我国最早培育并传播到世界各地的。养蚕缫丝技术两千多年前就传入越南，公元3世纪前后传入朝鲜、日本，公元6世纪时传入希腊，10世纪传入意大利，后来这些地区都发展成为重要的蚕丝产地。果树中的柑橘、枇杷、杏、梅、李、桃、荔枝、龙眼以及蔬菜中的白菜、芥菜、萝卜等，都是我国首先选育出的栽培品种，在各个时代通过各种渠道传播到世界各国的。我国是茶树原产地，据《华阳国志·巴志》说，巴地"园有芳蒻、香茗"，巴人把它们作为贡品献给商王。"茗"即茶，说明早在商代，西南地区的少数民族已经种茶。如今茶成了世界上的重要饮料之一。历史上日本、俄国、印度、斯里兰卡以及英国、法国，都先后从我国引种了茶树。

第二节
南方水田灌溉农具

双人提水——戽斗

戽斗，一种小型的人力提水灌田农具，形状像斗，两边有绳，由两人拉绳牵斗取水。在水位落差不大的地方，既可用于排水，也可用于灌田。戽斗的发明也许很早，但无确切资料记载。元代的《王祯农书》中对戽斗的作用、使用方法和制作材料都作了详细记载。戽斗适宜在水岸不高的田边和不必用水车提水的稻田使用。使用方法是：戽斗上系两根绳子，两人协同操作，将水戽上来灌

戽斗

溉庄稼。戽斗通常用柳条、藤条编织而成。这种农具的制作并不难，难的是田间操作。由于是两人协同作业，双手执绳，必须做到抽拉提放，配合默契，协调一致，才能把水戽上来。

戽斗在当代仍有沿用。它作为一种人力提水的农具，用于小范围排灌或临时的灌田作业，还是比较灵活方便的。

齿轮汲水——翻车

1. 翻车

翻车，又名"龙骨车"。可能发明于汉代，形成过程还会更早些，因为这是一种比较复杂的器械，一般说需要有一个较长的演变过程，但目前尚无相应资料可考。唐代之后，特别是宋代，常可见到文人咏颂龙骨车之作，足见其使用广泛和受人喜爱。

龙骨车在历史上是发挥过重要作用的。据记载，宋朝神宗熙宁八年（1076 年）曾发生过一次大旱，运河干涸得不能行船了，当时征用了 42 部龙骨车，从无锡的梁溪向运河调水，只花了 5 天的时间，运河就又通航了。

对于龙骨车的具体结构，《王祯农书》不仅为之绘制了比较清楚的图谱，而且作了相当精确的文字说明："其车之制，除压栏木及列槛桩外，车身用板木作槽，长可两丈，阔则不等，或四寸，或七寸，高约一尺。槽中驾行道板一条，随槽阔窄，比槽板两头俱短一尺，用置大小轮轴。同行道板上下通周以龙骨叶板，其在上大轴两端，各带拐木四茎，置于岸上木架之间。"用时"人凭架上，踏动拐木，则龙骨板随转，循环行道板刮水上岸"。使用这种龙骨车还可以分级提水，如"若岸高三丈有余，可用三车，中间小池倒水上之，足救三丈已上高旱之田"。

龙骨车从古到今，一直是一种实用价值极高的农田排灌工具，虽然结构比较复杂，但是纯木结构的，制作并不太困难，一般木匠皆可为之。不仅在南方广泛应用，北方近水地区也有应用。新中国成立后，各种类型的龙骨车，在我国广大农村，特别是江南河网地带，不但被继续普遍使用，而且有不少改进与发展。有人统计，1957 年仅湖南一省使用的龙骨车就有 135 万部，湖南省黄冈地区改进的脚踏龙骨车，由于车上采用了齿轮传动系统，并利用了飞轮和甩轮

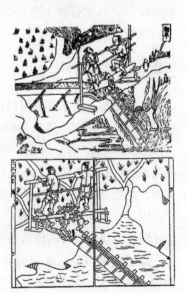

龙骨车

的惯性作用，不仅提高了提水效率，减轻了劳动强度，而且运行均匀，受到群众欢迎。贵州省的杨昌雄先生在1987年前后对龙骨车在农村的使用情况做了一个调查。这年遇到大旱，在抗旱中龙骨车发挥了巨大作用，仅长顺县就动用了龙骨车710台，占各种抽水机械的62%，而且龙骨车的抽水量相当可观，两台龙骨车的抽水量可抵一台小型抽水机。这次抗旱中龙骨车承担了主力作用。新中国成立初期，在农村经济基础比较薄弱、国家财力也比较困难的情况下，一些地区政府曾出钱资助发展龙骨车。如贵州长顺县，当时政府组织农机厂制造了一批龙骨车，政府从财政上给予补贴，低价出售给农户，对促进当地水稻生产的发展起了重要作用。

农民之所以喜欢龙骨车，一是因为它灵活轻便，两个劳力即可操作，一个劳力就可搬；二是节省开支，龙骨车本身很便宜，每台龙骨车仅80～100元，而一台小型汽油抽水机就要2000元左右（当时价），而且龙骨车又不用电、不用油；三是维修方便。对于龙骨车的结构，农民群众都十分熟悉，而且为龙骨车上的每一个零件都取了名称，如"车桶、大龙头、小龙头、大轴心、小轴心、手倒拐、车手、刮水板、率钉、羊蹄、夹耳"等。

以上说的只是人力龙骨车，即脚踏龙骨车（脚踏翻车），是由人力踏动进行工作的，由于这种水车使用效果很好，所以又逐渐发展出了畜力龙骨车和水力龙骨车。

2. 水转翻车

水转翻车，车水部分可以说与脚踏翻车的结构完全相同。正如《王祯农书》所说："水转翻车，其制与踏车俱同。"但需要增加一套水力传动部分，即在"车之踏车外端，作一竖轮，竖轮之旁架木、立轴，置二卧轮，其上轮适于竖轮辐支相间，乃擗水傍激，下轮既转，则上轮随拨车头竖轮，而翻车随转，倒水上岸，此是卧轮之制"。实际上王祯说的下轮是一个水涡轮。而上轮和车头竖轮，则是互相咬合的木齿轮。水涡轮和上轮在同一根轴上，所以水涡轮一转，上轮即转，通过咬合的齿就带动车头竖轮旋转，即可和人踏一样带动水车车水。

除了这种用卧式水涡轮带动的水转翻车之外，还有一种用立式水涡轮带动的水转翻车，"当别置水激立轮，其车辐之末，复作小轮，辐头稍阔，以拨车头竖轮"。这里王祯解释得不够清楚，让人不易理解。实际上这里的机构应该是和水碓相似的，即所置的竖轮（立轮），本身就是一个带辐板的水涡轮，轮轴与翻车的大龙头同轴，立轮被水冲击转动时，即可直接带动大龙头转动，水车即可车水。应该说，立轮式水转翻车比卧轮式水转翻车结构更简单。

　　水转翻车发明于何时尚无定论，因为人力翻车和水转筒车在唐代就已盛行，已经具备了产生水转翻车的物质和技术条件，据此推断水转翻车的发明时间当在此前后。

　　水转翻车在动力上使用了水力，当然比用人力是很大进步，正如王祯在诗中说的那

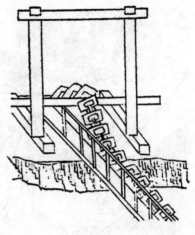

水转翻车

样："谁知人机盗天巧，因凭水力贷疲民。"但结构却相对复杂了许多，而且要在有水流落差的地方才能使用，这就使水转翻车有了很大的局限性，灵活性受到很大限制，所以使用范围是远不能与人力翻车相比的。

3. 牛转翻车

　　南宋画家马逵画的《牛转水车图》可能是我国最早的一幅"牛转翻车"图。在没有流水的地方，除可应用脚踏翻车外，还可使用牛转翻车。牛转翻车与卧式水转翻车十分相似，将卧轮式水转翻车上的水涡轮卸掉，将立轮置于岸上，用牛代替水涡轮拉动立轴转动即可，"比人踏功将倍之"。所以王祯咏颂曰："日日车头踏万回，重劳人力亦可哀，从今垅头浇田浪，都自乌犍领上来。"

　　牛转翻车与人力翻车、水转翻车相比，也是各有优缺点。虽然比水转翻车有了更大的适应性，但必须具备相应的畜力，这也是贫苦农民不容易做到的。

 其他灌溉农具

 1. 刮车

　　刮车适用于矮岸渠塘汲水灌溉，岸高1米以上即不能使用。"其轮高可五尺，辐

刮车

头阔至六寸，如水颇下田，可用此具。先于岸侧掘成峻槽，与车辐同阔，然后立架安轮，轮轴半在槽内，其轮轴一端，摽以铁钩、木拐，一人执而掉之，车轮随转，则众辐循槽刮水上岸，溉田便于车戽。"

宋元时期，中国古代灌溉机械已发展至顶峰。各种机械都有其长处，但也都受一定条件的制约。如桔槔、辘轳设备简单，用力小，适用范围广，但效率低，一般只可用于灌园需要，不能满足大田供水要求。在各种水车中，立井水车只能用于立井中垂直上下取水，适用于北方地下水位低的地区。高转筒车或水转高车只适于低水源、高陡岸，坡度平缓时则难以运转。以水力为动力的水轮（后称"筒车"）提水量大，但只能用于激流险滩之处，否则无法启动。凡以水力、畜力启动的全部灌溉机械，人力驱动的大部灌溉机械，都只能固定安置于一处，不能随意移动位置，只有以人力为动力的龙骨车（拔车与踏车）、刮车，适应性强。其中尤以踏车最为突出，其出水量大，又可随意移动，故它为古代最重要的、最普遍使用的灌溉机械。

2. 龙尾车

明万历年间，徐光启翻译意大利人熊三拔著《泰西水传》一卷，对西方之龙尾车作过详细介绍。清乾隆时戴震曾撰《赢旋车记》一文，对此作过简要叙述，即在圆筒中有一轴旋转，其轴之末端有轮叶，轮叶旋转，压力上升，其与目前涡轮抽水机原理相同。当时曾按此制作，效率甚高，"一车当五人当十，用力甚少成功多，八家同井办一具，旱涝不患田无禾"。但因其工艺较复杂，成本较高，损坏难修，故未得到推广。

知识链接

翻车的创造者

毕岚——据史书记载，东汉末期，毕岚为在路面上洒水，创造了提水工具翻车和渴乌（虹吸）。他所创造的翻车构造如何？史书没有记载。是不是就是后来用于灌溉的翻车？已不可考。

马钧——据记载，马钧字德衡，三国时魏人。为了提水灌溉洛阳城中的菜园，他制成翻车，并令儿童转动，提水灌溉。这种翻车的结构，古书中也没有说明。既然儿童能够转动，一定是很轻便的。史书中说马钧巧思绝世，富有机械制造的才能。他曾简化当时的织绫机，制成能指明方向的指南车，并应用机械原理，制成用水力推动的木偶玩具。

第三节
灌溉有方法

灌溉工作介绍

1. 灌溉对于农业生产的重要性

水分对于农作物的生长是必要的，有不少地区，或全年的降雨量失之少；或按全年计算，降雨量不见得少，但是，因为降雨的时间不适当，在作物播

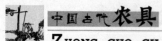
种或正在发育时期雨量不够，也会使全年的农业生产受到很大的影响，这就需要进行一定的人为的灌溉工作，以补自然的不足。加上人为的灌溉工作与完全依赖自然的降雨，在农业生产量的比较上，往往不是相差百分之几十，而是相差几倍。所以在干旱地区，灌溉工作对于农业生产量的提高是十分重要的。

2. 灌溉工作的分类

灌溉工作可以分为漫溢灌溉及机械灌溉两大类，根据《史记·河渠书》的记载，我国自大禹时期开始，就在今河南、陕西等地区的各河之间，穿渠引水，"此渠皆可行舟，有余则用溉浸，百姓飨其利。至于所过，往往引其水益用溉田畴之渠，以万亿计"。"西门豹引漳水溉邺，以富魏之河内。"秦开郑国渠，"溉泽卤之地四万余顷，收皆亩一钟，于是关中为沃野，无凶年，秦以富强，卒并诸侯，因命曰郑国渠"。李冰的都江堰工程也是在秦时建的，并且直到现在仍为人民服务。到汉武帝时，水利灌溉事业更为发达，全国各地，尤其是关中地区，开凿了不少灌溉及漕运用的河渠，据《汉书沟洫志》上的记载，仅关中的灌溉渠就有：漕渠、龙首渠、六辅渠、灵轵渠、成国渠、漳渠、白渠等。

在《新中国的考古收获》上说："在水利灌溉工程方面，安徽寿县发现的东汉芍陂（今安丰塘）灌溉工程水堰遗迹是最重要的一处。由发现的一件标有'都水官'的铁锤表明这处工程是庐江郡修建的，发掘证明，芍陂水堰是一处蓄泄兼顾，以蓄为主的水利工程，闸坝工程中部，采用草土混合的散草法筑成，或系章帝时（公元76—88年）庐江太守王景的'坞流法'筑坝的遗存，水堰边缘，留有水流冲击的窝槽，可以大致推测出当时的蓄水放水情景。"

同书上又说："四川眉山和成都等地的东汉墓，经常发现水田与池塘组合的模型，几乎每个模型都有从池塘通向水田的灌溉水渠。类似这种水利建设，在当时的南方各地普遍存在，这对南方经济发展是有促进作用的。"

以上所述的都是利用河水或池塘中所蓄积的水进行漫溢灌溉的，即利用较高水位的水，使它向较低水位自然流动，经过需要灌溉的田地，另一种是利用较低水位的水以灌溉较高地面的田地，这就需要采用一定的机械设备了。

机械设备也可以分为两种：第一种，利用的水源仍是河水或湖泊池塘中

古代灌溉农具——水碓

的水，采用机械，只是把水由低处提到高处，再使流到田间；第二种，利用的水源是井水，即距河流或湖泊较远的地区，没有地面的水可以利用，就由人工凿井以利用地下的水，采用机械先把水提到地面以上，再流入田间。

　　在秦汉时期，黄河中下游普遍利用井水灌溉，北京和河南泌阳都发现农田灌溉用的水井群。

　　在我国古代典籍中，《王祯农书》卷十九灌溉门，井图说一段上说："井，地穴出水也……甃之以石则洁而不泥，汲之以器则养而不穷，井之功大矣，按《周书》云：黄帝穿井，又《世本》云：伯益作井，尧民凿井而饮，汤旱，伊尹教民田头凿井以溉田，今之桔槔是也。"

　　《周书》上说黄帝穿井，虽说没有其他有力的证据，但就最近考古方面的收获，在河南龙山文化时期已有了井，时间上似乎也差不多，又说伊尹教民以桔槔溉田和商代早期遗址中已有长方形井的事实，似乎也可以互证，因为专为汲取饮水的井，作成圆形就可以了。

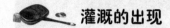 **灌溉的出现**

夏商西周时期，农田水利措施的重点虽然是排除积水，但人工灌溉也已出现。

农田灌溉是农作物生长的重要条件。商代在农业生产中是否进行人工引水灌溉，目前尚无确凿的证据。但是，如果将有关方面的资料综合起来进行分析，可以看出，当时的农业劳动者已经知道引水灌溉了。

从技术水平上讲，商代已经完全具备了农田灌溉的条件。经考古发掘，在殷墟、二里岗、台西村等几个重要的商代遗址中，分别发现有水沟、水井、陶水管道以及壕沟等。殷墟的水沟，面积很大，主流、支流纵横交错。陶水管及管道被埋于房基之中，当是建筑物的排水设施。

《诗经·陈风·泽陂》："彼泽之陂，有蒲与荷。"泽是指湖泽池塘；"陂"是指堤岸，陂泽当可蓄水灌溉。《诗经·小雅·白华》："滮池北流，浸彼稻田。"滮池是古水名，在今陕西西安的西北，北流入镐而合于渭水。"浸彼稻田"，即利用滮池之水灌溉稻田。这些都反映了西周时期已经存在蓄水、引水和取水灌溉的人工灌溉方式，并已掌握了简单的灌溉技术。不过，这时的农田灌溉仍是小型的而不普遍的。

中国凿井的历史很早，古籍中有关于"黄帝穿井"（《世本·作篇》）、"伯益作井"（《吕氏春秋·勿躬》）等传说。据考古发掘，新石器时代已有了水井，余姚河姆渡、汤阴白营、邯郸涧沟等遗址都发现过水井的遗迹。特别值得注意的是，涧沟的水井还与沟渠相联系，井内发现很多残破的汲水陶器。如果说，一般水井主要为生活用水而掘，则这种与沟渠联系在一起的水井则应与农田水利有关无疑。河北藁城台西商代遗址的一口水井中，还发现了一只扁圆形的木桶。这是我国现存最早的一只提水木桶。从《周易·井卦》反映，当时（西周）提取井水的工具还有瓶、瓮等陶器。可见，早在两千多年前，我国人民可能已经知道开发和利用地下水了。

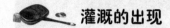 **灌溉技术**

原始农业是"听其自生自实"，本没有什么灌溉可言。在考古发掘中至今

也没有发现北方旱地农业中的灌溉设施，因此对当时的灌溉技术难下断言。但近年来草鞋山和城头山等地古稻田遗址的发现，却使人们对南方原始稻作农业的灌溉措施有了全新的认识。草鞋山遗址发现了新石器时代马家浜文化时期的稻田遗址，据发掘者报告："根据发现层位上下区别的水田结构形态的不同，可以分成时期先后的三种类型。早期，不规则形状的自然洼地形成的畦田，尚未形成明显的水利灌溉系统；中期，人工开挖的小面积条状分布的椭圆浅坑畦田，田块之间有水口相通，专设的水沟和蓄水井坑为主体的蓄灌设施已经形成，并有一定的规模和格式；后期，以方形蓄水塘为中心的灌排设施开始出现，浅坑形畦田围绕水塘分布，田块之间有水口或浅沟形成水路串联。从中可以看出，早期到后期的发展过程是当时的耕植方式由自然种植向人工的规模型耕作方式演进的过程，从中还可以窥见中国历史时期的稻作生产，如整地和田间管理中灌溉系统的雏形。由此将使我们对于长江下游太湖平原史前稻作农业的发展程度作出新的科学评估。"从上述早、中、晚三期水田的发展历程可以看出：早期的水田是对自然低洼地的利用，尚未考虑给水、排水的需要，处于一种纯粹靠天蓄水的原始栽培阶段。中期与晚期的水田已有目的地开挖相互有微落差的水田，依次用水口串联成带状，并与水井、水塘、水路等设施配套使用。其结构上有如下功能：①在雨量充沛的条件下，小水池状田块有利于田内蓄水；②在自然水源不足的情况下，小水池状田块便于人力取水注入。中期的水井和晚期的水塘都可起到蓄水供水的作用。从规模效益来看，水塘的功能大大超过了水井，而且水塘除了可供蓄水用于田中缺水时救急之外，尚可在多水季节具有一定泄涝功能，这在当时的稻作生产过程中无疑是一巨大的进步。城头山遗址则在大体同一时期属于新石器时代汤家岗文化的文化层中，发现了与水稻田配套的原始灌溉系统，有水坑和水沟。在稻田之西高于稻田的原生土层，发现两个水坑（坑径 1.2～1.5 米），并发现了由西南向东北注入水坑的三条小水沟，均是与稻田配套的灌溉设施。由此可见，早在六千多年前，中国的南方稻作农业中就已出现了原始灌溉技术，并有了一定规模的灌溉设施，这是很了不起的成就，它也表明商周时期的灌溉技术并非无源之水。

商周时期的灌排系统主要是在农田之间挖掘很多沟渠，称为"沟洫"。相传大禹治水时是"浚畎浍距川""尽力乎沟洫"。周代的沟洫已有一定的规

105

古代灌溉农具——水车

模，分为旱田和水田两个系统。旱田的沟洫是宽六尺、长六百尺为一亩田，亩与亩之间挖有深、广各一尺的畎；百亩之田为一夫，夫与夫之间挖有深、广各二尺的遂；九夫为一井，井方一里，井与井之间挖有深、广各四尺的沟；地方十里为成，成与成之间挖有深、广各八尺的洫；地方百里为同，同与同之间挖广二寻、深二仞的浍。同时利用开挖沟洫取出的土料修筑相应的径涂道路，做到"遂上有径""沟上有畛""洫上有涂""浍上有道""川上有路"（《周礼·遂人》《考工记·匠人》）。当然，实际情况不可能都这么整齐划一，但我们从甲骨文的田字结构（囲、圍）多少也能想象到当时田野中沟洫纵横交错的情况。根据《周礼·稻人》记载，水田的沟洫则设有蓄水的"潴"（陂泽）、拦水的"防"（堤岸）、放水的"沟"（干渠）、配水的"遂"（支渠）、关水的"列"（田埂）和排水的"浍"（排水沟）。它没有旱田沟洫那样的严格要求，这是因为北方旱田多在黄土平原上，开挖沟洫容易统一规划，南方水田则需根据自然条件因地制宜。实际上水田的沟洫是灌排兼用，而旱田的沟洫则是以排水为主，这是因为黄河流域70%左右的降雨量集中在七月、八月、九月三个月，往往暴雨成灾，而这时庄稼已快成熟，并不需要多少雨水，如果没有迅速排水的沟洫系统，农田就会被冲毁。所以上述从每亩之间的畎到百里为同之间的浍，越来越宽、越来越深，就是为了迅速排水而设计的。但商周时期也重视灌溉，《诗经》中经常提到泉水，如"观其流泉"（《大雅·公刘》）、"我思肥泉"（《诗经·邶风·泉水》）等，说明已经利用泉水灌溉。《诗经·小雅·白华》："滮池北流，浸彼稻田。"滮池在今陕西咸阳市南面，是滮水之源，北流经镐京（今陕西西安南郊）入渭水。说明当时已利用滮池的流水灌溉稻田，掌握了一定的引水灌溉技术。显然，沟洫灌排系统的修建，需要开挖大量的土方，劳动量非常大，迫切需要改进原有简陋的竹木石器等掘土工具，促进了如铜锸、铜镢之类的新兴掘土农具的产生，或者说金属掘土农具的出现使沟洫工程得以迅速推行。

春秋战国时期是我国古代农田水利大发展时期，灌溉已被视为农业生产的当务之急。《荀子·王制》明确提出农业生产的首要任务就是"修理梁（修堤堰），通沟浍（开挖水渠），行水潦（疏通水道），安水臧（蓄贮水流）"。当时还修建了一批直接用于农业生产的灌溉工程，著名的有安徽寿县的芍陂、河北邺县的西门豹渠、四川灌县的都江堰和陕西关中的郑国渠等。这些水利工程以及上述水田沟洫设施主要是利用地表水流来灌溉农田。对于地下水的利用则是靠井灌。井灌主要是利用园圃中的井水灌溉蔬菜，原来是人工用瓶罐从井中取水，后来发明了提水机械桔槔。《庄子·天地》："子贡南游于楚，反于晋，过汉阴，见一丈人方将为圃畦，凿隧而入井，抱瓮而出灌。搰搰然用力甚多而见功寡。子贡曰：'有械于此，一日浸百畦，用力甚寡而见功多，夫子不欲乎？'为圃者仰而视之曰：'奈何？'曰：'凿木为机，后重前轻，挈水若抽，数如泆汤，其名曰槔。'"《庄子·天运》亦说："子独不见夫桔槔者乎？引之则俯，舍之则仰。"成书于西汉的《说苑·反质》中也记载："卫有五丈夫，俱负缶而入井灌韭，终日一区。邓析过，下车，为教之曰：'为机重其后，轻其前，名曰桥，终日溉韭百区不倦。'""桥"即"桔槔"两字的合音。桔槔是利用杠杆原理以减轻劳动强度的提水机械，比手工抱瓮而汲要提高百倍功效，至今尚在一些农村中使用。邓析是春秋时人，庄子为战国后期人，看来战国时期桔槔还不是普遍使用，可能到汉代才得以普及。目前有关桔槔的考古资料都是汉代画像石中的桔槔图。如山东省嘉祥县武氏祠画像石中的桔槔图，它虽是东汉的文物，但可能与战国的桔槔相差不大，可使我们了解早期桔槔的具体形状。

农田水利建设在汉代也有很大发展。汉武帝对水利相当重视，曾说："农，天下之本也，泉流灌浸，所以育五谷也。"提倡"通沟溪，蓄陂泽"以"备旱"，于是出现全国"争言水利"的局面。关中平原"举锸为云，决渠为雨"，修建了一大批大型水利工程。丘陵山地和南方地区则兴建陂塘坝堰等小型水利设施，"陂山通导者，不可胜言"（《汉书·沟洫志》）。陕西、四川、贵州和云南等地的东汉墓中经常出土一些水塘水田模型，往往一边是陂塘，一边是水田，中间设闸门以调节水量，是研究汉代水利灌溉技术的珍贵实物资料。如前述四川省峨眉县出土的水田水塘石刻模型，右边为水塘，塘边岸上有缺口，可将塘水引入田中，再通过田边另一缺口流入另一块田中。四川省宜宾市出土的一件陶水田模型也有类似情形：模型左边是鱼塘和水塘，水塘右边堤岸上有个缺口，水经过缺口流进右上边的第一块小田，又通过小田田塍上的缺口将水引进第二块田里，再通过右边田塍上的缺口流进第三块田里。这样，经过阳光照射，田中的水温就会逐渐升高，有利于水稻的生长。这种方法在现代江南农村里称为"串灌"，与《氾胜之书》所说的"始种，稻欲温，温者，缺其塍，令水道相直。夏至后，大热，令水道错"很相似。

另一种方法是将水引进田中的水沟，再从沟中将水引进田里。如四川省新津市出土的陶水田模型，就是先将水引进沟中（在沟中还可养鱼），再从沟中将水引进田中，又回灌左边大田，水灌满之后就将田塍上的缺口堵上，肥水不易流失。这种方法叫作"沟灌"，与《氾胜之书》所说的"夏至后，大热，令水道错"相似。汉代也采用井灌的方式来浇灌园圃中的蔬菜。河南省淮阳县于庄西汉墓中出土的一座陶院落，为我们提供了难得的研究对象。该院落左侧部分为一农田模型，实际上应是种植蔬菜的园圃。菜园中间为一水井，水井右边为水浇地，地中有一水沟可将井水引向沟两边的菜地中。水井左边为旱地，地中有长条形的垄沟和长方形的畦，作物种在沟中和畦上。浇灌时，从井中提取井水直接倒在水沟中，水流顺着水沟两边的缺口流进菜地中。至于如何从水井中汲水，取决于井水的深浅。井水较浅，可用桔槔汲水；如井水太深，桔槔够不着，就用滑轮来提取。滑轮在汉代也称"辘轳"，王褒《僮约》有"削治鹿卢"句，"鹿卢"就是"辘轳"。四川出土汉代画像砖上的盐井图中就有利用滑轮提取井盐的画面，山东省微山县出土的画像石和诸城县孙琮墓画像石上都有滑轮提水的画面。各地汉墓中经常有陶水井出土，有的井架上还带着滑轮。大约在东汉末期，发明了提水功效更高的灌溉机械翻车。《后汉书·张让传》："又使掖庭令毕岚铸铜人……又作翻车、渴乌，施于桥西，用洒北郊路。"《三国志·魏书·杜夔传》："扶风马钧，巧思绝世……居京都，城内有坡可为圃，患无水以灌之。乃作翻车，令儿童转之而灌水自覆，更人更出，其巧百倍于常。"翻车就是现在农村还在使用的手摇水车，一直是农村主要的灌溉农具，在生产中发挥着重要作用，也是我国灌溉机械史上的一项重大成就。

 知识链接

康熙"御稻"

说起"穗选法"，还有一段故事呢！康熙年间，紫禁城的丰泽园有一片稻田。某年夏天，稻子正抽穗养花。一天傍晚，康熙皇帝在田边散步，忽然看见一棵与众不同的稻子，别的稻子正在开花，这株却已成熟了。康熙觉得好奇怪，就将这株稻子选拔出来，交给侍从收藏，命他来年播种，看看是不是比其他的稻子早成熟。侍从遵命照办，第二年这株稻子还是早熟。这样就培育出了一个早熟水稻品种。后来在江南地区推广种植，成了历史有名的御稻。这件事曾被达尔文收进他的《动物与植物在家养下的变异》这部著作中。达尔文这样写道："中国皇帝的上谕劝告人们，选择显著大型的种子，甚至皇帝自己也动手进行选择，因为据说御稻米即皇帝的米，是往昔康熙皇帝在一块田里注意到的，于是被保存下来了。"

第四节
收获农具与方法

 收割秸秆——镰刀

"镰"是镰刀的简称，是十分古老的收割（切割）农具。镰刀的诞生要比铚晚，因为在原始农业中，人们是先学会收获穗头，然后才学会收割秸秆的，而镰刀只适合于收割秸秆而不适合于收割穗头。

镰形器在旧石器时代末期就已出现。新石器时代遗址中常出土有石镰和蚌镰，商周时期出现了青铜镰刀，其形制已与战国西汉的铁镰相差不多。大致从战国开始，铁镰取代了铜镰。自汉代以后，其形制基本定形，一直沿用到今天。收获禾穗的手镰又称"铚"。而可装柄的镰，古代称"艾"或"刈"。形制一般为弯月形，刃部无齿或有齿，宽端装柄。西周出土的手镰，体短而宽，呈蚌壳形，上部为弧形，下部有细锯齿，平刃，上端有孔，可系绳，以便套在指上，固定于手掌中。

镰刀属刀类，主要功用是切割不太粗壮的植物茎秆。不装柄的镰刀基本形状均为长条单刃形，但具体形状却五花八门，如有的近似半月形，有的近似三角形、长方形、梯形……长短、大小、宽窄也在很大尺寸范围内变化，长的有一尺

青铜镰刀

余，短的只有两三寸。柄也有长有短，有粗有细，有圆有方，有曲有直。

由于不同的作业需要，出现了几种特殊用途的镰刀。如汉代发明了一种专门用来收割禾草和撒播的钹镰。钹镰是种两边有刃的大镰刀，双手执握用以砍削禾秸。至宋元时期，又发明了一种收割农具叫"推镰"。虽然也叫"镰"，但已与普通镰刀大不相同，是把长条形铁刀装在带有两个轮子的架上，后有长柄，使用时，用力向前推去，可铲割作物。

芟麦联合装置

所谓"芟麦等器"有麦笼、麦钐、麦绰三个组成部分。现分录如下。

"麦笼，盛芟麦器也。判竹编之，底平口绰，广可六尺，深可二尺，载以木座，座带四码，用转而行。芟麦者腰系钩绳牵之，且行且曳，就借使刀前向绰麦，乃覆笼内。笼满则异之积处，往返不已，一笼日可收麦数亩，又谓之'腰笼'。"

"麦钐，芟麦刃也。《集韵》曰：钐，长镰也。然如镰长而颇直，比钹薄而稍轻，所用斫而剗之，故曰'钐'，用如钹也，亦曰钹。其刃务在刚利，上下嵌系绰柄之首，以芟麦也。比之刈获，功过累倍。"

"麦绰，抄麦器也。篾竹编之，一如箕形，稍深且大。旁有木柄，长可三尺，上置钐刃，下横短拐，以右手执之，复于钐旁以绳牵短轴，（近刃处以细

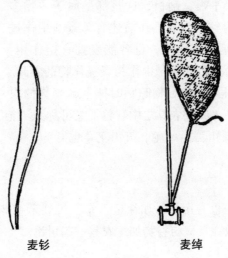

麦钐　　　　　　　　麦绰

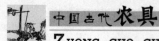
竹代绳，防为刃所割也。）左手握而掣之，以两手齐运，芟麦入绰，覆之笼也。常见北地芟取荞麦亦用此具，但中加密耳。"

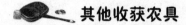
其他收获农具

1. 捃刀

捃刀也可能是古老的农具，汉代的《急就篇》就有"捃、获、秉、插、捌、杷"之说，显然这里说的都是农具。《玉篇·手部》："捃，拾也。"《类篇·手部》："捃，取也。"故捃刀又称"拾刀""拾麦刀"。《王祯农书》说："捃刀……刃长可五寸，阔近二寸，上下窍，绳穿之，系于指腕，随手芟穗，取其便也。"用途是"麦禾既熟，或收刈不时，茎穗狼藉，不能净尽，单贫之人得以取其遗滞。"就此文记述看，有些像铚（鎟刀）类工具，但王祯却画了一个系绳的刀形农具。文图是否相符尚需考究。

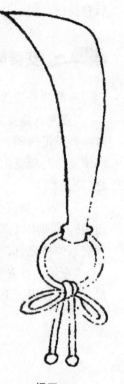
捃刀

2. 拖杷、杷、扒、平板、刮板

拖杷、杷、扒、平板、刮板，这些都是属于一物多用的农具，它们作为整地农具已在前述有关章节中作过论述。但它们在收割农作物中，也各能发挥一定作用。如杷、拖杷、竹杷都可以在收割中作为聚拢作物的农具。扒、平板、刮板都可以作为谷物晾晒时摊平和聚拢的农具，所以又都可以列入收割农具之中。竹杷又可称为"筢"，根据是《改饼四声篇海·竹部》引《川篇》："筢，五齿筢草也。"

3. 叉

叉在收割作业中也有用处，如往运禾车上挑装禾秸等，但更多的还是在场院上应用，所以放在下面与谷物加工农具一起讨论。

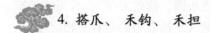

4. 搭爪、禾钩、禾担

搭爪、禾钩、禾担，都是农业收割中常用的一些小工具。

搭爪，《王祯农书》说："上用铁钩带裤，中受木柄，通长尺许，状如弯爪，用如爪之搭物，故名搭爪。"搭爪干什么用呢？"以擐草禾之束，或积或掷，日以万数，速于手挈，可谓智胜力也。"诗曰："非钩非刃亦非钳，挈物风生利爪尖，草束禾头千万计，不烦手指一亲拈。"王祯的这首"搭爪"诗，简直像一条谜语，他没有直接道出这种工具的名字，而是先介绍了它的形象：不是刀，不是钩，也不是钳。然后形容它的使用状态：提携物品时利尖上都能生风，在一束束的禾捆上要用它千万次，却一次也不用手指拈草禾。如果让农民猜这是什么，农民立刻就会回答说：是"搭爪"。当收割打捆后的庄稼需要运到场院或就地堆积起来的时候，如果直接用人的手去搬运或装车，不仅要两手抱起，而且要弓腰曲背，如果使用这种"搭爪"，只要一只手拿着搭爪轻轻往禾捆上一搭（抓），禾捆就会被抓起来，抛掷到车上，或堆积在垛上，堆积到高处时，搭爪将禾捆上抛，就会撒撒带风，诗人的形容的确是真实生动，没有亲身的观察和体验，这样的诗恐怕是写不出来的。搭爪这种工具虽然小得很不起眼，但是极大地节省了农民的气力。王祯称赞说："可谓智胜力也。"

禾钩也是一种非常不起眼的小农具，可以说简单得不能再简单了，取一根不大的树杈就可以砍制一个禾钩。然而王祯为之写的配诗却是如此的生动，实在不能不为之叫好："物性纵横本自由，不经约束浩难收，荒原草木知多少，会见芟夷入此钩。"诗人从收割下来的乱七八糟的禾秸中，似乎悟出了万物的本性，前两句诗简直可以说是一条哲理。下面的诗又是多么真切生动：当草木与"芟夷"等收割工具接触之后，就要进入这禾钩中了。进入禾钩干什么呢？"约之成捆"。其实禾钩是非常简单的，只是一个长约二尺的木钩，农民用这个木钩，将芟割的禾稗或草蒿钩敛到一起，然后打成捆，比用手敛又省力又快捷。

禾担，"负禾具也，其长五尺五寸。剡扁木为之者谓软担；斫圆木为之者谓惚担。扁者宜负器与物；圆者宜负薪与禾。《释名》：担，任也，力所胜任也。凡山路崎险，或水陆相半，舟车莫及之处，如有所负，非担不可。又田家收获之后，塍埂之上，禾积星散，必欲登之场圃，荷此尤便"。其实这是发明非常早的工具，只是没有人专门记述它，至《王祯农书》始有专题记述。

5. 筄

筄，《说文·竹部》："筄，竹列也。"《广韵·宕韵》："筄，衣架。"总之，筄就是用竹子做成的架子。这里指用竹木构制的、用于悬挂谷物的架子。它的作用是："若麦稻等稼，获而琹之，悉倒筄其穗，控于其上，久雨之际，比於积垛不致郁汜。"这种筄架可以架在场院里，也可以架在田野里，南北方皆可用，尤其适于稻作区。

筄

收获技术

在原始农业生产中，因种植作物不同，其收获方法及使用的工具也不相同。收获块根和块茎作物时，除了用手直接拔取外，主要是使用尖头木棍（木耒）或骨铲、鹿角锄等工具挖取。收获谷物时则是用石刀和石镰之类的收割工具来收割。不过根据民族学的资料，人们最初也是用手拔取或摘取谷穗。如云南省金平县的苦聪人收获旱谷时，多数仍然用手折下谷穗。西盟佤族在使用镰刀以前，收获的方法是把谷穗拔起来或掐断。怒族老人追忆，最初收旱稻是用手将下穗上的子粒放进背篓里。台湾高山族也长期用手收获谷物，陈第《东番记》记载明代台南的高山族"无水田，治畬种禾，花开则耕，禾熟拔其穗"。明末清初郑成功进入台湾时，所看到的情况仍然是这样，收割时"逐穗拔取，不知钩镰之便"（杨英《从征实录》）。《台海采风图考》中也记载："番稻七月成熟……男女同往，以手摘取，不用铚镰。"可以推想，原始农业时期最古老的谷物收获方法是用手摘取的。后来，当人们使用工具来代替手工之时，当然也会沿袭这个习惯。所以，最早的收割工具石刀和蚌刀等都是用来割取谷穗的。许多石刀和蚌刀两边打有缺口，便于绑绳以套在手掌中使用，晚期的石刀和蚌刀钻有单孔或双孔，系上绳子套进中指握在手中割取谷穗，不易脱落。商周以后的铜锤仍继承这一特点，一直沿用到战国时期。

至少在八千年前，石镰就已经出现。像裴李岗遗址的石镰就制作得相当精致，其形状与后世的镰刀颇为相似。从民族学的材料得知，一些使用铁镰的少数民族也是用它来割取谷穗的。如西藏墨脱县的门巴族收获水稻和旱稻时，是用月牙形的小镰刀一穗一穗割下来放在背篮里，稻草则在地里晒干后烧掉作为来年的肥料。海南岛有些地方的黎族，直到现在仍使用铁镰割取稻穗，然后将它们集中挂在晒架上晒干，需要时再加工脱粒。稻草留在田里，需要时用镰刀割取，不需要时就烧掉作肥料。因此推测原始农业时期，先民们使用石镰、蚌镰只是割取谷穗，而不会连秆收割。这是因为当时禾谷类作物驯化未久，成熟期不一致，仍然保留着比较容易脱落的野生性状，用割穗的方法可以一手握住谷穗，一手持镰割锯谷茎，这样可避免成熟谷粒脱落而造成损失。同时，当时的谷物都是采用撒播方式播种的，用手抓不到几根植株，要连秆一起收割庄稼是极为困难的。即使是已经使用金属镰刀的商周时期，也仍然是用这种方法收获庄稼的。甚至到汉代，还保留着这种习惯。如我们从四川省成都市凤凰山出土的东汉渔猎收获画像砖下半部分可以看到这种场面，画面左边的三人正在割取稻穗，捆扎成束。最左边一人将已扎好的稻穗挑走。右边的两人则高举一种大镰刀在砍割已经割掉稻穗的禾秸（如不需要稻草，则将它留在田中，任其干枯，来年春天就可"烧草下水种稻"了）。这种方法一是沿袭古老的用铚割穗的传统习惯；二是适于在撒播的稻田里使用，可及时抢收，减少损失；三是可减轻运输过程中的劳动强度。不过，汉代已实行育秧移栽技术，田中已有株行距，水稻品种也远离野生状态，再加上铁农具的普及，铁镰已非常轻巧锋利，为连秆收割技术的运用打下了基础。而适于割取谷穗的铚，则被镰刀所淘汰。湖北省江陵县凤凰山西汉墓曾出土过四束古稻，是连秆割下的。这说明至少在西汉时期，有些地方已经采用连秆收割的方法，此后就逐渐成为主流。我们在甘肃省的唐代壁画中所看到的一些收获场面，就是用镰刀直接收割谷物秸秆的。

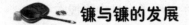

镰与镰的发展

1. 普通的镰

普通的镰即连秸带穗割取一般禾类的镰。自发明以后，几千年来在形状上并没有什么变化。

2. 钹镰与钩镰

（1）钹镰

钹是大型无齿镰，"两刃，木柄，可以刈草"。"其刃长余二尺，阔可三寸，横插长木柄内，牢以逆楔。农人两手执之，遇草莱或麦禾等稼，折腰展臂，匝地芟之。柄头仍用掠草杖，以聚所芟之物，使易收束。"汉与元之钹镰，形制略异，但其功能则相同。使用时双手持镰，对野草或撒播的麦秸沿根茬砍削，所谓"摩地宁论草与禾，云随风卷一劓过"。古文献中的"艾"似为轻便的钹镰。

（2）钩镰

钩镰是连根收获的工具，长近45厘米，多用锻铁制成。装有短柄，尖部微下弯曲，用于钩拔而非砍削，故不锋利。

钹

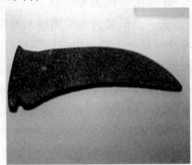

商代石镰

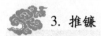3. 推镰

推镰，宋元之前未见文字记载，也未见文物，可能发明较晚，使用范围较窄。对于这种推镰的产生背景，王祯的诗说得比较明白，因为"北方寒早多晚禾，赤茎乌粒连山阿，霜余日薄熟且过，脆落不耐挥刈何"。"赤茎乌粒"的荞麦已经熟透了，耐不得一般镰刀的收割，所以要"因物制器用靡（非）他"，制的什么样的"器"呢？"一钩偃月镰新磨，置之叉头行两砣，仍加修杖双眉蛾。"使用时的情形又怎样呢？"推拥捷胜轮走坡，左掞忽若持横戈，原头积稇云长拖。"具体地说，就是在一根"长可七尺，首作两股短叉"的木柄上，与柄垂直架以横木，约二尺许，两端各穿一只可以转动的小圆轮。在两股叉中间，嵌以镰刀，刀的刃口向前。这是主体部分，只用这一部分就可以收割了。但这样收割后，被收割的庄稼则比较散乱地撒在地上，为了便于聚拢所割之物，在镰刀的左右各置一杖杆，名曰"蛾眉杖"。具体的使用方法是："执柄就地推去，禾茎既断，上以蛾眉杖约之，乃回手左拥成楠，以离旧地，另作一行。"用推镰收割，既不损子粒，也比用一般镰刀收割快了好几倍。

据报道，山东枣庄市薛城区沙沟镇狄村，曾出土两件元代的长条形铁刀，一件为直刃，后背两端呈弧形后缩，刃长52厘米，背长43厘米，厚0.6厘米，宽约9.7厘米。另一件亦为长条状，两端已残，残长18.5厘米，宽7.6厘米，背厚1.1厘米。这两种长条形铁刀，有可能就是推镰的刃。

据调查，这类推镰在新中国成立前后于陕西永寿、邠县、旬邑一带仍有应用。而且根据对当地老农的调查，重新复制了推镰，复制品与王祯所画基本相同，专家还亲手对复制的推镰进行了收割大豆的实验，结果"虽略微费力，仍可曼曼锐进。"而且"大豆直根粗壮柔韧，系难收割作物，推镰尚可胜任"。如用于收割小麦，当不在话下。

历史上还有一种被许多人认为是"青铜耨"的农具。我们初步考证，这也是一种推镰，但与王祯所说之推镰不是一个体系。

由于古代推镰和当代"推镰"自身还存在不成熟之处，因而都没有得到大范围的推广和长时间的流传，但它预示着收割方式将产生新的改革。

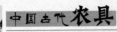

知识链接

农作物的发展

在历史上，我国的农作物一直随着社会进步而不停地发展变化。有时是新的作物被驯化栽培，或者从其他地方引进，逐渐取代了原有作物的地位；有时是由于生产力的提高或者人们的消费需求发生了变化，原先被广泛栽培的作物就渐渐被淘汰了，有的甚至不再成为栽培作物而退回到半野生状态。任何时候，作物选择都是与社会生产力水平相一致的。如改革开放前，生活水平比较低，种什么作物都首先追求高产，当时的主要矛盾是"吃饱"；后来农产品丰富了，生活水平提高了，人们开始讲究"吃好"；到了现在，光好吃还不行，还要有益健康，营养全面，如果再加上一点有助延年益寿、增强记忆力什么的，就更好了，发展到"吃巧"了。从吃饱到吃好，再从吃好到吃巧，要求越来越高，这样就不断推动农业的发展，社会也就越来越进步。

古代脱粒与加工农具

收割的庄稼,用碌碡、连枷等工具把籽粒从秸秆上击落下来,然后再用飏篮、扇车等工具播精择粹,除去杂物,晒干归仓。几个月辛勤劳动的果实,此时才算到手。从耕田播种起,种田人在烈日下,在泥泞中,洒了多少汗水!"谁知盘中餐,粒粒皆辛苦!"

第一节
脱粒农具与方法

掼稻簟、掼床和掼桶

古代一般都用"掼"的办法使水稻脱粒。关于掼稻的设备,《王祯农书》上介绍的是掼稻簟。"簟",就是竹席。水稻在晒场上脱粒,地上铺较大面积的竹席,席上置一较大的石块。掼稻者手举一小捆稻,在石块上掼打,稻谷脱落在席上。这样脱落下来的谷粒,不但免为泥土所污,而且可减少损失,扫集起来也比较容易。掼稻簟又可供晒谷等其他用途。

掼床

水稻产区更有为掼稻用特制的掼床,形式不一。最简单的是在木架上搁一块木板。较讲究的掼床用竹木制成床形,有四足,床面框架上平行地贯穿若干根竹竿。有些掼床的床面稍倾斜,前俯后仰。掼稻者两手举一小捆稻,将稻穗在床面上掼击,谷粒脱落,从床面竹竿空隙间落于床下。在稻床上掼稻,谷粒可以脱落较净。

南方收稻时往往多雨,田稻较湿,不能把割下的稻株运到晒场上来,就只能在稻田里脱粒。因为稻田地面不平坦,又潮湿,所以农民采取在木桶上掼稻的办法。这种木桶称为"掼桶",脱落的谷粒积集在掼桶中。

脱粒后，谷粒中混有许多谷壳、茎叶碎片和尘屑等杂物。要除净这些杂物，一种办法是用筛、箕等簸动，把谷粒和杂物分开；另一种办法是用形如簸箕的飏篮，或用竹杴、木杴，把谷物迎风扬起，"向风而掷之"，借自然风力把杂物吹去。

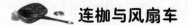 ## 连枷与风扇车

掼桶

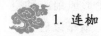 ### 1. 连枷

连枷是从原始农业中使用的敲打谷穗使之脱粒的木棍发展而来的。它由两根木棍组成，即在一根长木棍的一端系上一根短木棍，利用短木棍的回转连续扑打禾秸谷穗使之脱粒。击莫除草，以待时耕；及耕，深深而疾耰这，以待时雨。时雨既至，扶其枪、刈、耨、镈，以旦暮从事于田野。《国语·齐语》："令夫农群萃而州处，察其四时，权节其用，耒、耜、枷、芟。"韦昭注："枷，柫也，所以击草（禾）也。"《说文解字》："柫，击禾连枷也。"《释名·释用器》："枷，加也，加杖于柄头以捯穗，而出其谷也。或曰鹿罗枷三杖而用之也。"可知连枷之名至少在汉代就已正式出现。连枷为木制（南方也有用竹子制作的），不易保存，在考古发掘中难以发现实物，只能在一些壁画上见到它的形象。如甘肃省嘉峪关市魏晋墓壁画中的打连枷图，敦煌莫高窟壁画中也有许多打连枷的场面。

2. 连簸带扬的风扇车

谷物的成熟度是不一致的，有的饱满，有的空瘪。此外，在脱粒成谷或脱壳成米的过程中，不可避免地掺杂有碎秆枯叶、秕糠谷壳之类。为了清除这些杂物，人们采取了各种办法，或簸扬，或水淘，或过筛。

扇车就是一种簸扬的工具。扇车最迟在西汉就已出现，最早的文字记载见于西汉扬雄的《急就篇》："碓硙扇碨舂簸扬。"这里所说的"扇"即"扇车""飏扇"。

最早的扇车被记录在汉代画像砖上。这时候的扇车实际上还谈不上是

飏扇

"车",只是由一至两把用竹子制作的长方形的扇叶构成,一人扬扇,另一人从上往下倾倒谷物,利用人力摇动扇柄产生的风力来吹去秕糠。

西汉还发明了一种手工机械扇车,由车架、外壳、风扇、喂料斗及调节门等构成,工作时手摇风扇,开启调节门,让谷物缓缓落下,谷壳及轻杂物即被风力吹出机外。这是利用连续转动轮形风扇鼓动空气的原理,区分轻重不同的子粒,扇去谷糠秕谷的加工机械。扇车以后被广泛使用,成为谷物加工中重要的工具。西汉发明了木制扇车这种粮食加工工具,1400 年后才在欧洲有类似的风车出现。

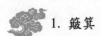 其他脱粒农具

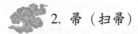 1. 簸箕

《王祯农书》只是说:"北人用柳,南人用箕,其制不同,用则一也。"实际上簸箕也是一个农具群体,基本形状虽然差不多,但尺寸大小、制作材料等则有很大区别。

簸箕至今仍是农家离不开的常用小农具,也是千家万户离不了的清洁工具。

2. 帚(扫帚)

帚并非专用于农业,但在场院收打晾晒谷物时,则是必备的农具。

帚可能是很古老的农具,《集韵》有"少康作箕帚"之说。少康乃夏朝的第六代君王。《礼记·曲礼》上有"凡为长者粪之礼,必加帚与箕上,以袂拘而退"。

帚,又作"箒",又谓"篲""彗"。"彗"曾被作为一个星座的名称,即彗星。彗星,又称"扫帚星",早在公元前 7 世纪我国已有观测彗星的记录。

由此证明帚的历史是十分久远的。

帚的形状多种多样，主要用竹枝或荆条或草棵等捆扎而成，只要能够起到"扫"的作用，形体如何是无关紧要的。被称为"帚"的东西多种多样、五花八门，所以说帚也是一个群体。

3. 籭

《说文解字·竹部》有"籭"字，"籭，竹器也，可以去粗取细"。段注："籭，筛，古今字也。"《汉书·贾山传》作"箪"。据此"籭"与"筵""筛"均为通假字，都可以指同一种工具，这种工具的用途就是对谷物进行"去粗取精"。籭也是汉代以前发明的农具。

4. 晒盘

晒盘和筛相似，均为竹编制品，但面积大、边框低、编织密、不漏粮，主要用于摊晒谷物。结构是"广可五尺许，边沿微起，深可二寸，中间平阔，似圆而长，下用溜竹二茎，两端俱出一握许，以便扛移"。用途是"趁日摊布谷食曝之"。

5. 石磨盘、石磨棒、木椎、木杖、脱粒床、脱粒桶

自古专用于脱粒的农具不多，原始的古农具石磨盘、石磨棒、杵臼，都可能是先用于脱粒，而后用于对谷粒的加工，即脱壳或制粉。古代用于脱粒的农具，还可能有木椎、木杖。《王祯农书》中说："农家禾有早晚，次第收获，即欲随手收粮，故用广箪展布，置木物或石以上，各举稻把掼之，籽粒虽落，积于箪上，非惟免污泥沙，仰且不致耗失。"在此基础上又发展出了脱粒床、脱粒桶，这些当属专用脱粒农具了。

脱粒技术

人类最早的脱粒技术，难以从考古发掘中获得实物证据，但从民族学的材料中可以得到启示。先民们最早的脱粒方法是用手搓，如澳大利亚土著居民大多是用手搓的方法对采集来的植物穗子进行脱粒。相信在原始农业萌芽时期，人们也是这样做的。后来则用脚踩的方法进行脱粒。我国西南地区的许多少数民族就是用手搓脚踩的办法使谷穗脱粒的。如云南的布朗族人把收割回来的谷穗暴晒几日，然后在地上铺一篾笆，把晒干了的谷穗置于其上，旁栽一木桩，男女手扶木桩，双脚搓踩脱粒。西藏墨脱县门巴族则是把谷穗放在石板上脚踩手搓。云南西盟佤族所用脚踩手搓的脱粒习惯一直延续至今。此外，云南的独龙族、怒族和傈僳族，西藏的珞巴族等都是用脚踩或手搓来脱粒的。

后来，人们用木棍来敲打谷穗，使之脱粒。如怒族、傈僳族、西盟佤族和门巴族等，新中国成立前都是脚踩和棍打同时使用的。门巴族还敲打水稻。这种方法可以说是连枷脱粒的前身。怒族在收获玉米后，在地上挖一浅坑，铺上麻布毯，放上玉米穗，周围用麻布毯子围起，然后用木棍敲打。如收获量少，可放在有眼的箩筐里，围上衣服或麻布毯，用棍子来舂。这又可说是杵臼的前身了。由于木棍易于腐朽，难以在考古发掘中发现实物，即使有木棍出土，也无法断定就是用来脱粒的。同样，连枷的使用已见于春秋战国时

古代脱粒农具

期的文献，其发明年代应当更早，也因为竹木不易保存，难以从考古发掘中取得证明。

目前，考古发掘中能够确认的脱粒农具是杵臼和磨盘。如河姆渡遗址出土的木杵和裴李岗遗址出土的石磨盘都有七八千年的历史。石磨盘是谷物去壳碎粒的工具，杵臼则兼有脱粒和去壳碎粒的功能，因而杵臼的历史似乎应该更早一些。有些少数民族历史上甚至没有使用过石磨盘，而一直是用杵臼。最原始的就是地臼，如苦聪族人在屋角地上挖一个坑，以兽皮或旧布作垫，用木杵舂砸采集来的谷物。云南西盟佤族原先并没有木碓，只是在地上挖一个坑，用麻布或兽皮垫上，用木棍舂打。也有用布将谷物包起来后用木棍舂打的。海南岛的黎族，新中国成立初期还有不少人把带穗的旱稻放进木臼中，手持木杵舂打，脱粒与去壳同时进行。独龙族人和苦聪族人脱粒小米和稗子时，也是带穗舂的。《续修台湾府志》记载清代高山族加工谷物的情况是："番无碾米之具，以大木为臼，直木为杵，带穗舂。"可见，将谷物脱粒与加工合而为一的"带穗舂"，是一种相当原始的加工方法。继木杵臼之后，至少在七千年前出现了石杵臼。各地新石器时代晚期遗址都出土了不少石杵臼，其加工谷物的工效当较木杵臼要高。商周时期，石杵臼仍然是主要的加工农具。杵臼一直使用到西汉才有了突破性创造，即发明了利用杠杆原理的踏碓和利用畜力、水力驱动的畜力碓和水碓。但是手工操作的杵臼并未消失，而是长期在农村使用，具有很强的生命力。

专门用来去壳碎粒的工具是石磨盘，其历史可追溯到旧石器时代晚期的采集经济时代。原始的石磨盘只是两块大小不同的天然石块。它的使用方法应该和一些少数民族使用石磨盘的方法相同。如云南独龙族的原始石磨谷器叫作"色达"，它由两块未经加工的天然石块组成，一块较大，一般长约50厘米，宽约30厘米，厚约7厘米。另一块较小，是直径10厘米左右的椭圆形或圆形的鹅卵石。使用时，下置簸箕，大石块放在簸箕上，一端用小木墩或石头垫起，使之倾斜，人跪在簸箕前，把谷粒放在石块上，双手执鹅卵石碾磨，利用石板的倾斜度，使磨碎的谷粒自行落在簸箕上。澳大利亚土著妇女们把采集来的少量种子收拾干净后，就放在由一块大而扁的石头和一块小而圆的石头组成的"碾谷器"上去壳、碾碎，然后再加工成饼子之类的食物。从考古材料看，至少在八千年前，石磨盘就已经制作得相当精致了（如裴李

古代脱粒农具

岗遗址的石磨盘），其加工谷物的技术和工效也达到很高的水平。

　　石磨盘的去壳和碎粒功能以后向两个方面发展。去壳功能发展为砻和碾，专门用于谷物脱壳。最早的文献记载是《淮南子·说林训》："舌之与齿，孰先砻也。"《说文解字》："砻，䃺也。从石龙声。"砻的形状如石磨，亦由上、下两扇组成。砻盘工作面排有密齿，用于破谷取米。砻有木砻和土砻两种。木砻用木材制成，土砻砻盘是在竹篾或柳条编成的筐中填以黏土，并镶以竹、木齿。稻谷从上扇的孔眼中倒入，转动上扇的砻盘即可破谷而不损米。考古发现中有关砻的最早资料是江苏省泗洪县重岗东汉墓出土的画像石"粮食加工图"，上面有妇女推砻的场面。另一种去壳的农具就是碾，目前文献记载最早见于《魏书·崔亮传》，考古实物最早见于隋墓出土的陶碾模型。碾盛行于唐宋时期，并出现水碾的加工机械。继承了石磨盘的碎粒功能的旋转型石磨出现于战国时期，在汉代得到很大的发展。它可将谷物磨成粉末，将小麦磨成面粉，将大豆磨成豆浆，使得中国谷物食用方式由粒食转变为面食，也促进了小麦和大豆的广泛种植。旋转型石磨一直是我国广大农村最重要的加工农具，长期盛行不衰。

谷物在脱粒和去壳之后，需要扬弃谷壳、糠秕、杂物。最原始的办法当是用手捧口吹，而后才懂得借助风力。云南西盟佤族在用脚踩手搓脱粒之后，不用簸箕簸扬，而是由一人把谷物从上向下慢慢倾倒，另一人执箬叶扎成的"扇子"左右反复扇动，把秕谷和灰尘扬走。用簸箕来簸扬可能较晚，但《诗经》已有"或舂或揄，或簸或扬"（《大雅·生民》）、"维南有箕，不可以簸扬"（《大雅·大东》）等诗句。《说文解字》："簸，扬米去糠也。"说明商周时期已普遍使用，也许其前身可以追溯到新石器时代晚期，如江南良渚文化遗址中出土的一些竹编器，其中说不定就有原始簸箕的残骸。但簸箕簸扬的谷物数量有限，对堆积在晒谷场上的大量谷物就需使用如木锨、木杈、飏篮之类的扬场器具。西汉史游《急就篇》提到"碓、硙、扇、隤、舂、簸、扬"，已指明簸与扬是两种净谷方法，其使用的器具也不同。木锨类似木制的铲子，只是更为轻巧（也有用竹制成，称为"竹扬锨"）。木杈是一种木制的多齿杈。飏篮则是用竹子编制的，形如簸箕而小一些，前有木舌，后有木柄。庄稼收获之后，在场院脱粒晒干，再用这些工具铲起谷物迎风掷之，借风力

古代脱粒农具

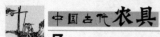
吹走糠秕、杂物，可得净谷。我们在甘肃省嘉峪关市魏晋墓的壁画上可以看到持木权扬谷的情景。在甘肃省安西县榆林窟第20窟壁画中也可看到用飏篮扬谷的情景。至于使用风扇车来净谷的历史，从河南、山西、山东等地出土的汉代风扇车模型判断，当不会晚于西汉时期。风扇车的发明，标志扬弃糠秕、杂物的作业已不再仅凭手工，而是开始采用结构较为复杂的农机具，比之箕播权扬，"其功多倍"，是一突破性的成就。

 知识链接

帝国夕阳

明代后期，通过来华传教士的介绍，我国知识界开始接触西方农学。徐光启的《农政全书》中就有专章来介绍"泰西水法"。但是，由于清朝推行闭关锁国的政策，阻断了东西方文化的交流，在一个相当长的历史时期内，我国失去了吸收、借鉴世界先进文化的机会。科学的整体落后必然造成农业科学的落后，我国从一个经济文化强国逐渐变成了弱国。直到1840年发生西方列强入侵的鸦片战争，我国社会各界经受了落后就要挨打的剧痛之后，觉醒的知识界提出了"师夷长技以制夷"的主张。人们都开始热衷于兴办洋务，练兵、开矿、通商成为一时风气。但是经过一个时期的富国强兵的艰苦探索，国家依然没有摆脱积弱积贫的局面，人们才回过头来关注作为社会基础的农业，开始对西方的近代农业科学技术进行介绍与引进。

第二节
古代加工农具与技术

多数谷物需要加工去壳或磨碎后才宜于食用。最早的加工方法可能是舂打，之后方为碾磨。目前发现最早的加工农具是石磨盘，原始状态的石磨盘就是一块较大的平坦石头，将谷物放在石上，再用一块较小的石头来碾磨脱壳。后来又发明了杵臼、磨、碓、碾。

原始人类的粮食加工工具

原始农业发达，一些加工粮食的工具也随之被发明出来。据不完全统计，我国各地出土新石器时代的石磨盘、石磨棒有 150 处之多，其中发现石磨盘 60 余处，盘、棒同时发现者也有 50 余处。出土的石磨盘大小不等，器形多样，均用砂岩打制琢磨而成。与石磨盘配套的器物是石磨棒、石饼、石球。

通过对石磨盘、石磨棒的考古发现，可以想象在距今八九千年前遥远的古代，我们的祖先就是手执石磨棒、石球、石饼，将放在石磨盘上的谷物，用力反复研磨，脱去谷物坚硬的表壳，然后再用陶质炊具煮蒸食用的。因长期使用磨损，有的磨盘表面已凹陷，磨棒磨损变细。在古代，要想吃到用脱壳的粟、黍、稻米熬成的粥，是一件多么不容易的事啊。真是"谁知盘中餐，粒粒皆辛苦"！经脱壳的谷粒易于熟化，适口性好，而且有利于消化吸收。

石磨盘、石磨棒是原始人类用于粮食加工工具的最早发明。

古老农具——杵臼

杵臼是古老的谷物加工农具,有"断木为杵,掘地为臼"(《周易·系辞下》)之说。对于杵臼的产生与发展,前面已多有论述。有关杵臼的文物和文献均不少见,其原理和结构形式,从古到今基本上没有什么变化。制作材料,臼以石为主,兼有木臼、铜臼、铁臼、玉臼、陶臼;杵以木为主,兼有铜杵、铁杵、玉杵、石杵。杵臼的形制变化不大,但尺寸却相差很多。杵臼用于谷物加工,既可脱壳得米,也可捣米成粉,用途并不单一。

也许是因为杵臼是老百姓十分熟悉的器物,而尺寸又无一定之规,所以王祯在《王祯农书》中对杵臼的形状、结构、尺寸未作具体介绍,只讲解了用杵臼加工稻谷的几条标准,倒是配诗中作了概括介绍:"圣人创杵臼,尚象以制器,於义取雷山,上动而下止,人知捣春法,脱粟从此始。后世相沿袭,更变各任智,制度虽不同,由来资古意。"就是说杵臼虽然外形变化多端,但始终没有改变它的基本原理。从王祯所绘制之杵臼图谱能够比较清楚地了解杵臼的基本形态。

在出土文物中,所见石臼较多,宋代的仍有出土,出土于江西省宁都县璜陂山堂村的石臼上大下小,呈倒锥体状,臼洞直径 36 厘米,深 30 厘米,臼面磨损严重,似为长期使用之物。有着数千年历史的石臼,如今在农村仍常见有使用者。1982 年在内蒙古准格尔旗出土的窖藏器物中,有铁杵、铁臼各一件。铁臼口微敛,腹部饰三道凸弦纹,平底外撇,高 10 厘米,口径 9.3 厘米,底径 9.4 厘米。铁杵从头部向后由粗变细,两侧铸有凹槽,长 30.9 厘米,直径 2～3.5 厘米,可能是中药铺使用之物。另有铁杵头两件,头部均为半球形。准格尔地区在北宋属麟州,后为西夏占有,是北宋和西夏的接壤地。

杵臼

木杵臼因易腐而所见文物不

多，但在东汉郑玄注《篡图互助礼记·曲礼》中却见到了这样的记述："畅臼以椆（柏）、杵以梧。"说的是以桐木造杵，以柏木造臼。不但说明有木制的杵臼，而且说明对制作杵臼的材料已有选择。在明代的《吉安州志》中专门有一段制作木臼的记载："山多木土，人取其根，最大者为之，底盖相平，惟刳其中，以容黍粒，仍用柱杵之，顷刻便精凿，比之以石为臼更轻且佳。"近期对云南省景洪市许多少数民族进行调查，发现这里仍大量使用木杵臼，而且样式十分丰富，甚至还有自古少见的双体木臼。这里制作木臼的方法是：将大树锯断，先在中心挖个窝，装入锯末使其慢慢燃烧，木窝则越烧越大，烧至适当大小，除去火炭，略加修饰即成。

当代用杵臼作为谷物加工农具者，虽越来越少，然而它并没有绝迹，在中药店捣碎中药，在百姓家捣制蒜泥，仍常常可以见到杵臼的身影。

罗、脚打罗及水击罗面

1. 罗

罗是筛面用的一种加工工具。普通多系把马尾织成具有一定大小的孔眼的罗底张有一个圆框的底部，把碾烂或磨烂的米或豆等放在里边，再放在一个罗床上（普通多系由两条平行木条装成一个悬空的架），用手急剧地往复推拉，碾烂或磨烂的细粉就从孔眼被筛下，聚集在下边的簸箩里。

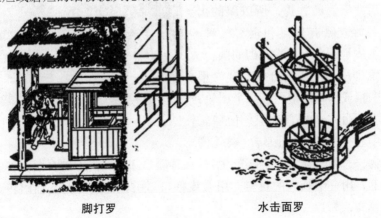

脚打罗　　　　　　　　　　水击面罗

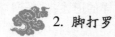

2. 脚打罗

脚打罗是利用一部分身体的重力由两脚工作。罗的规模较大，筛面的速度较高。用绳子把面罗悬在一个大面箱上，两边各装一杆，通到箱的外部，再有一个摇杆带动它。这个摇杆在装置下部具有横杆的一个横轴上。人用两脚交替地踏动横杆的两头，则摇杆左右摆动，面罗即受其影响往复摆动而筛面。又在通到箱外的两杆上，按左右摆动的范围装上两个短横杆，并在中间立上一个撞杆，使往复摆动的时候，各发生撞击一次，筛面的效果更加增大。人在工作的时候，若把两肘俯在一个悬挂着的横杆或横板上，更可以减轻劳累的程度。

3. 水击罗面

在罗的一方面同脚打罗完全相同，只是原动力由人力改为水力。《王祯农书》卷十二提到水击罗面的一种，图说择要如下："水击罗面，随水磨用之。其机与水排俱同……水因击罗面，互击桩柱，筛面甚速，倍于人力。又有就磨轮轴作机击罗，亦为捷巧。"

精米加工——碾

汉以前的文献中没有说到碾，南北朝以后才碾、磨并提，所以碾的出现比磨要晚。碾有碌碾和辊碾二种。碌碾的主体是一个木制或石砌的圆台，圆台周围砌成石槽。圆台中心装一根轴，用一根或两根木棍各装一个碌轮，架在轴上，由人或牲口牵引，使碌轮以轴为中心，沿着圆槽回转，碾轧槽

水碾

中的谷物，这种碾称为"碌碾"。另外一种碾是圆台周围不砌石槽，谷物平铺在圆台上，用一个较大的石辊，用人或牲口牵引，在圆台上绕轴回转。这种碾效率较高，称为"辊碾"。

用水力转动的碾称为"水碾"，水碾和水磨一样，是利用水力冲动卧轮或立轮，"水激则碣随轮转"。《王祯农书》说："水碾比陆碾功利过倍。"据史书记载：唐玄宗时宦官高力士，于长安西北截澧水作碾，"并转五轮，日破麦三百斛"，即由水轮带动五个碾磨面。唐代很多权贵富豪之家，在河渠两旁截流设置水磨、水碾等，借以牟利，甚至妨碍了农田灌溉，影响农民的农业生产。

总之，到唐代，利用水力加工粮食已相当发达。在水磨周围砌成圆槽，可以兼有磨和碾的功用。把磨取下来，换装上砻，又可用来砻谷去壳，一个装置有三种用途。《王祯农书》称这种装置为"水轮三事"。它充分利用流水为动力，构造巧妙，显示着我国古代劳动人民的聪明智慧。

子棉加工——轧车

轧车就是轧棉车，它是对子棉加工得到皮棉的一种加工机械。在《王祯农书》上已有简略的记载，可知至少有 650 多年的历史了。在它的上边，由一个脚蹬的上下运动转变为一个轴的回转运动的那一部分已经完全具备了飞轮的作用。

在一个桌上固定一个木架，架的上部横装着木轴和铁轴。木轴在下，铁轴在上，铁轴上用一个钢刀刻上若干小勾，使它的表面粗糙，以便于抓住棉

轧车图

绒。两轴之间留有很小的狭缝。木轴右边一头装上一个小曲柄，由轧棉人的右手转动它。铁轴左边的一头装上一个飞轮（实际上多为一个"十"字形的木架，十字架的外端四个头各装上一个重木块，转动起来具有飞轮的作用）。因为脚的力量只是蹬向下方，打算把脚的力量传到铁轴上去，使它继续回转，非有飞轮的帮助不可。我们的先人能发明这样利用惯力的方法是很聪明的。它的确切发明时期还没有找出来，但是元代《王祯农书》上已有记载，说明最晚应在 1313 年（《农书》写成年代）以前。

知识链接

木制榨油工具

　　油榨是木制的榨油工具，有立槽式和卧槽式之分。《王祯农书》说，油榨是一种榨取植物油的工具，用四大块坚硬的方木板，围成宽五尺、长丈余的木板槽，横铺在地上，木槽下用厚板嵌成底盘，底盘上开凿圆形的小沟，直通下方的槽口，以连接储油的容器。榨油的时候，先用大锅将芝麻炒熟，再用碓舂或辗碾将熟芝麻弄细碎，然后在蒸笼上蒸过；用坚韧的草丝编织成草衣，围置在油圈的四周（将蒸熟的芝麻粒填压在油圈内），并将填满芝麻粒的油圈依次排在榨槽内，用木板将油圈挤压紧密，上面竖插一个大木楔，在高处举大锤敲击木楔，使油圈挤压极紧，这样油就从槽中流出来了。这是卧式油榨。如果把木槽立起来，就成立式油榨了。

第三节
磨的发展

 磨

　　磨也是加工谷物的工具，由两扇凿有起伏磨齿的圆形石块所组成。下扇中央装一短轴，上扇合在下扇上面，可以绕轴旋转。谷物由上扇的磨眼徐徐注入，随着上扇绕轴心旋转，谷物在两扇之间均匀散开而受磨。碓的舂击谷粒是间歇动作，磨是连续加工，所以磨的工作效率比碓高些。

　　碓，无论是利用人力、畜力或水力，它的工作仍是间歇的，在加工机械中能使工作变为连续的第一步就是磨。

　　我国的磨最初叫作"䃺"，后来因为制造所用的材料和各地方言的不同，

土砻

畜力砻

有叫"砻"的，在许慎的《说文解字》上才首先提到"磨"字，其作用都是一样的：能对谷加工而得米，对麦和豆等加工而得面。

汪汲《古愚消夏录》引《古史考》："公输班作硙，今以砻谷，山东谓之硙，江浙之间谓之砻，编竹附泥为之，可以破谷出米。"

就以上几项史料看，可认为磨是公输班所创作，至少有两千多年的历史了。只是开始时叫作"硙"，到汉代才叫作"磨"。或编竹附泥者叫作"砻"，用石制者叫作"磨"。例如，河南洛阳汉河南县城出土的石磨、陕西西安草阳坡北魏出土的陶磨。

一般石磨是用花岗石之类的石材制成。具有一定厚度的两块扁圆柱形石块，俗名"磨扇"。下扇中间则制成一个相应的空套，也多加上一个铁圈，以便两扇相合以后，下扇固定，上扇可以绕着短轴旋转。两扇相对的一面，中部留下一定的空腔，外周则上、下各制成一起一伏的磨齿。上扇备一个或两个下漏谷粒的通孔，俗名叫作"磨眼"。当工作时，一面由畜力、人力或水力转动上扇，另一面使谷粒或麦粒由磨眼继续漏下，很均匀地向四周分布以受磨，并继续外出，最后再由两扇的夹缝中流到磨盘，再收起，经过簸，或经过扇车即得到米，或经过罗即得到面。

磨的动力源，初为人力，后有水力磨、畜力磨，效率远高于人力磨。水力磨出现于三国时期，流行于南北朝时期。

转磨、砻磨及船磨

1. 转磨

转磨加工的质量和速度，取决于磨齿的形制。随着生产、技术的发展，磨齿可分为 4 型 12 式。转磨的变化经历了三个阶段：战国、秦国、西汉时期为幼稚阶段，磨点基本上是凹坑形，其缺点是，面粉不能迅速外流，磨眼易堵塞，粮食颗粒常滞留于凹坑内或

古代农具——磨

随之外流；到东汉、三国时期，为发展多样化阶段，磨齿为辐射形与分区斜线形，对凹坑形的缺点有所克服；最后，到西晋、隋唐时期，乃成熟阶段，大多数磨齿的形式一直传到后世，至今不变。

2. 砻磨

砻磨是转磨的另一种形式。二者功能不同，转磨用于粉碎，砻磨用于脱壳。"砻"字出现于东汉，初为石质。宋元以后又有所发展。

据《王祯农书》的解释："砻、䃺谷器，所以去谷壳也。"明白指出砻是除去谷粒外壳的机具。砻是由磨演变而来的。磨由石料制成。现在磨的功用，主要在于把米、麦等磨成粉面。如果用磨来磨除谷壳，连谷粒本身也将被磨碎。为此，先民们仿照磨的形式，用竹木改制。即用竹木编成砻的边围，围中填实泥土，泥土上较密地钉入一排排竹齿或木齿。像磨一样，上、下两扇相合，用以砻谷，就能砻破谷壳，而不碎谷粒。

3. 船磨

船磨是水磨的一种。把两个磨装在两条船上，中间由一个大水轮带动着磨面，比一般的水磨更有灵性。

《王祯农书》水磨一段内载有："复有两船相傍，上立四楹，以茅竹为屋，各置一磨，用索缆于水急中流。船头仍斜插板木凑水，抛以铁爪，使不横斜。水激立输，其轮轴通长旁二磨。或遇泛涨，则迁之近岸，可许移借，比之他所，又为活法。"

这种船磨，我国近时仍有采用，在邵元冲写的《西北揽胜》一书中就有关于船磨的一段。

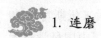 连磨、水磨及水转连磨

1. 连磨

连磨即所谓的"八转连磨"。对于"八转连磨"的实用价值，王祯似乎

也没有完全肯定，他说："窃谓此磨虽并载前史，然世罕有传者。"所以宋元时期也不见得有八转连磨的实用之物。当然，从原理上讲，八转连磨是可以实现的，只是动力需要相当大，绝非图像所绘之那样由一牛所能完成的。

2. 水磨

水磨就是以流水作动力的石转磨，唐代就已盛行。水磨的谷物加工部分与畜力石转磨没有什么两样，只是动力转动部分由畜力牵拉，改成水涡轮带动。对于这个部分，王祯绘制了两幅图，分别进行了解说。一幅图是由一只卧置水轮直接带动石转磨，"凡欲置此磨，必当选择用水地所，先尽并岸擗水激转或别引沟渠，掘地栈木，栈上置磨，以轴转磨中，下彻栈底，就作卧轮，以水激之，磨随轮转……此卧轮磨也。"另一幅图是由立水轮，经过木齿轮转动，带动两台石转磨，"又有引水置闸，甃为峻槽，槽上两傍植木架，以承水激车轮轴。轴腰别作竖轮。用击在上卧轮，一磨其轴末一轮，旁拨周围木齿一磨。既引水注槽，激动水轮，则上旁二磨随轮俱转。此水机巧异，又胜独磨，此立轮连二磨也。"

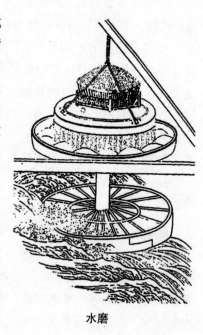

水磨

另外，王祯还介绍了设置船磨的方法，但未绘图。这种方法是："复有两船相旁，上立四楹，以茆竹为屋，各置一磨，用索缆于急水中流，船头仍斜插板木凑水，抛以铁爪，使不横斜。水激立轮，其轮轴通长，旁拨二磨。或遇泛涨，则迁之近岸，可许移借，比之他所，又为活法磨也。"清人黄钺在《壹斋集》卷九（清刻本）中又提到这种船磨说："载磨于船，碇急流中，夹两轮以运之……巨轴横贯中，推拨刻不停，盘旋齿如锯。"后来伍斯特于19世纪在四川涪陵实际测绘到了这种船磨，并绘制了图谱（见《中国科学技术史·机械卷》），与黄钺之记载基本吻合。

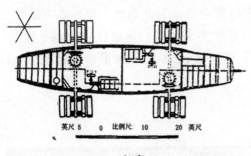

英尺 5　0　比例尺：10　20 英尺

船磨

北宋梓州永泰（今四川盐亭东）人文同写的一首《水硙》诗，记述了嘉陵江畔一农家滨江建立水硙，利用水力从事商业性面粉加工，既解决了一家人的生活出路，又为周围十里八村的乡里带来了方便的情景："激水为铠嘉陵民，构高穴深良苦辛，十里之间凡共此，麦入面出无虚入。彼氓居险所产薄，世世食此江之滨。"但是由于江边的水硙妨碍了江水的下泻，为了水流畅通，不得不将农家辛辛苦苦建造的、居家生活所依靠的水硙拆除。作为受命兴办水利的使臣文同，不得不发出二者不可兼得的惋惜："朝廷遣使兴水利，嗟尔平轮与侧轮。"这首诗一说明水硙是与人民生活息息相关的；二说明水硙的结构既有平轮也有侧轮；三说明水硙的数量已相当多，已对江河水利构成威胁。其实当时个体农民建造的水硙还是很有限的，更多的还是那些富商大贾、王公权贵。为此唐李元绂纮曾派专吏毁硙："诸王公权要之家，皆缘渠立硙，以害水田，元纮令吏人一切毁之，百姓大获其利。"

类似的水磨，各地常有所见，直到新中国成立前后南方水乡仍有应用者。

 ### 3. 水转连磨

"立轮连二磨"就是一种水转连磨。这里要介绍的则是一种更大型的水转连磨，即由一个水轮带动九台磨的水力设施。如果用这样的设施加工面粉，无疑可称为一个面粉加工厂了。水转连磨的动力转动部分，与立式水转龙骨车完全相同，只是因为所需要的动力特别大，所以相应的轮轴也特别粗，"轮轴至合抱"之粗。而水转连磨的加工部分，共设有九盘磨，每三盘之间由木齿轮互相咬合。轮轴上

立水轮水磨

共有三个平行安装的立置木齿轮，所以带动的共为九盘磨。如果动力足够，轮轴还可以延长，再装上竖轮，用以带动更多的磨。还可以在轮轴上安装拨杆，用以拨动碓杆而带动碓头工作，这样就又变成了碓、磨联合加工体。

知识链接

石磨的发明者鲁班

鲁班，姓公输，名般，因为他是鲁国人，般和班同音，所以人们常称他为"鲁班"。他出身于世代工匠的家庭，生于周敬王十三年（公元前507年），卒于周定王二十五年（公元前444年），当时正是春秋战国之际，社会大变革的时代。鲁班是杰出的土木建筑工匠，石磨是他许多创造发明中的一种。而每一件工具的发明，都是鲁班在生产实践中得到启发，经过反复研究、试验出来的。鲁班很注意对客观事物的观察、研究，他受自然现象的启发，致力于创造发明。

第四节
碓的发展

 碓

碓是杵臼的进一步发展。用杵臼加工，是一种捶击运动，其效果取决于动量的大小。所谓动量是指以杵的质量乘以速度。手持杵进行捣捶是繁重的体力劳动，古代常以奴隶承担或者以此作为对罪犯的一种刑罚。由于其费力大，效率低，进行改革势所必然。到东汉，杵臼发展成为"碓"。其施力点为脚踏板，受力点为杵槌，支点在两者之间，但靠近脚踏一端，远离杵槌。操作者只需将踏板压下较短的距离，即可将杵槌提升到较高的位置，从而具有较大的势能。当操作者松开踏板后，杵槌进行自由落体运动；当它接近臼时，已经具有一定的速度；在它与臼相碰后，速度瞬时变为零。

在使用碓时，由于操作使用的时间短（踏板向下位移时间短），而用力后又要用一段时间等待杵槌落下（此时不必用力），所以操作者的劳动强度比用杵臼大为降低。

碓的材料：杵槌、杵身均木质，杵头的箍、齿均铁质，臼为石质（或陶瓮去底）。作为明器的陶脚踏碓最早出现于西汉，而文献记载则最早见于西汉末、东汉初桓谭《桓子新论》："宓牺之制杵舂，万民以济，及后人加功，因延力借身重以践碓，而利十倍杵舂。"

与脚踏碓同时出现的还有畜力碓、水碓。《桓子新论》接着说："又复设机关，用驴、骡、牛、马及役水而舂，其利乃且百倍。"这说明在西、东汉之际，中国开始在农业上使用水力。

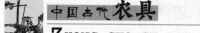
 **碓的发展**

 1. 脚踏碓和畜力碓

脚踏碓是在木架上装一根长的杠杆。杠杆一端装着碓头，人用脚踩杠杆的另一端，碓头翘起；脚移开时，碓头下落，舂击臼中的谷粒。脚踏杠杆是借人体的体重抬起碓头，所以比双手举杆要省力得多。

《王祯农书》中没有提到畜力碓。但东汉人桓谭所写的一本书中说："设机关，用驴、骡、牛、马及役水而舂。"用驴、骡、牛、马等牲畜舂谷物，当然就是畜力碓。脚踏碓的动作是碓头间歇的升落运动。如果用牲口作为碓的动力，则牲口必须作回转运动。由回转运动使碓头不断升落，中间必须利用齿轮传动。可见两千年前我国劳动人民已知道运用齿轮转动的原理，这是很重要的发明。

 2. 缸碓

缸碓是踏碓的一种，因用缸作臼而得名。这里所说的缸就是大瓮。对缸碓的具体做法，《王祯农书》中有详细介绍："先掘埋缸坑，深逾二尺，次下木地钉三茎，置石于上，后将大磁缸穴透其底，向外侧嵌坑内埋之；复取碎磁与灰泥和之，以窒底孔，令圆滑如一，候干透，乃用半竹篾，长七寸许，经四寸，如合脊瓦样，但其下稍阔，以熟皮周围护之，倚于缸之下唇。篾两下边以石压之，或两竹竿刺定，然后注糙于缸内，用碓木杆捣于篾内。缸既圆滑，米自翻倒，篾於篾内，一捣一篾，既省人搅，米自匀细……缸可舂米三石，功效

脚踏碓

常碓累倍。"这是一种大型的踏碓，更由于特殊的制作和增加了一些附属器件，使碓既好用，又耐用，对于需米量大的地方尤为适用。因江浙一带使用较多，故又有"浙碓"之名。

3. 槽碓

槽碓可以说是一种最初步、最简单的水碓。在可利用的水量比较少的地方较为适宜。在脚踏碓用脚踏的那一头装上一个水槽，引水注入。当槽内水满，重量增大时，就把碓扬起，同时水槽下落，水被倾泻，重量减轻，碓就下落以舂米。就原动力而言，是完全利用水的重力以代替脚踏的力量。

《王祯农书》载："槽碓，碓梢作槽受水以为舂也。凡所居之地，间有泉流，梢细，可选低处置碓一区，一如长碓之制。但前头减细，后梢深阔如槽，可贮水斗余，上庇以厦，槽在厦外。乃自上流用笕引水，下注于槽。水满则后重而前起，水泻则后轻而前落，即为一舂。如此昼夜不止，可舂米两斗，日省二工，以岁月积之，知非小利。"

这种槽碓发明的年代没有其他资料可以证明，以常理推之，应该比其他复杂的水碓发明得更早。

4. 水碓

水碓，又称"机碓"、"水捣器"、"翻车碓"、"斗碓"或"鼓碓水碓"，是脚踏碓机械化的结果。水碓的动力机械是一个大的立式水轮，轮上装有若干板叶，转轴上装有一些彼此错开的拨板，拨板是用来拨动碓杆的。每个碓用柱子架起一根木杆，杆的一端装一块圆锥形石头。下面的石臼里放上准备加工的稻谷。流水冲击水轮使它转动，

水碓

轴上的拨板臼拨动碓杆的梢，使碓头一起一落地进行舂米。值得注意的是，立式水轮在这里得到最恰当、最经济的应用，正如在水磨中常常应用卧式水轮一样。利用水碓，可以日夜加工粮食。

 知识链接

连机碓是杜预发明的吗

　　杜预是魏文帝的驸马，在西晋时曾出任度支尚书，相当于现代的财政部长，又是带兵灭吴的主将。古书中说他发明了连机碓、连磨等粮食加工机具。其实像他这样一个大贵族、大官僚，是不可能直接参加粮食加工机具的试制工作的。连机碓和连磨等，一定是一批富有实践经验的能工巧匠发明创造的。大概因为杜预是当时的有名人物，他曾兴办常平仓，职务上和粮食加工有关，于是人们便把粮食加工机具的发明创造归功到他身上去了。

农用运输与储存工具

农用运输工具与储存工具有悠久的历史，但出土文物和文献记载都不多见。使用最早的农用运输工具可能是"禾担"，《王祯农书》中提到的农用运输工具是车和船。对于粮食储藏，人们通常选择窖储或仓储，下面分别作以简述。

第一节
古代车的创始

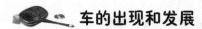

车的出现和发展

相传车来源于原始运输工具"橇"。人们削去橇下圆木的中间部分，成为中间细两端粗的形状，从而减少了运动时的摩擦阻力。再进一步的改革是分开制作，中间部分变成细长的轴，两端部分变成圆板形的轮，于是出现了雏形的车。从圆木滚子分离出轴和轮两部分，既是橇进一步发展而形成车的过程，也是橇和车的明显区分。

中国是最早使用车的国家之一。相传大约在四千六百年前的黄帝时代就已经创造了车。大约在四千年前，当时的薛部落以造车闻名于世。《左传》载薛部落的奚仲任夏（约公元前21世纪—前17世纪初）的"车正"。《墨子》、《荀子》和《吕氏春秋》等著作都记述了奚仲造车的事。商代（约公元前16世纪—前11世纪），中国的工匠已能制造出相当精美的两轮车。甲骨文中有许多车字，如表明商代的两轮车已有一辕、一衡、两轭、一舆。河南省安阳县大司空村发掘出商代车的遗迹。中国历史博物馆的商代车模型是一辆精致的两轮车，显示出当时造车技术的高超水平。

有辐车轮的使用使车的结构轻巧，重量减轻，是一项重大的改进。相传奚仲"桡曲为轮，因直为辕"。春秋战国时期，特别注重加强车的薄弱部分，用加强材"夹铺"施于车轮。战国墓葬中许多大型车辆都有"夹铺"，而辐条斜置则是车辆结构的又一项比较大的改进。

中国周代已使用油脂作为车辆的润滑剂。汉代创造了先进的马用挽具，使车辆行驶轻快并便于驾驭。

中国东汉和三国时期出现的独轮车是一种既经济又适用的交通运输工具，特别适宜于羊肠小道。根据记载，诸葛亮北伐时，蒲元首创"木牛"为军队运送粮秣。许多学者认为当时的"木牛"就是一种独轮车。

中国汉代杰出的科学家张衡发明

独轮车

了举世闻名的"记里鼓车"。这种车行驶一里自动击鼓一下，显示里程。三国时代马钧发明指南车，车上立一木人，不论车辆走向如何变化，木人手臂始终指向南方。

南北朝时出现了十二头牛驾驶的大型车辆，当时还出现了磨车。磨车上装有石磨，车行磨动，行十里磨十斛。至于三轮车，在唐末五代时就已出现，但未见推广。

中国明代工部尚书毛伯温主持天寿山工程时，设计并制成八轮车运输石料。在中国除了陆续出现许多新型车辆和异型车辆外，还出现了帆车，即在车上加帆，利用风力助车行进。到清代又出现铁甲车。铁甲车有四轮，轮的直径约1尺，车厢覆以铁叶，以保安全。

大约在魏晋以后，中国的车辆制作技术在民间已经相当普及，然而，直至明清，运输车辆的形制并无明显的进步。

穿行在山间的畜力驮运

畜力运输还有一种方式就是驮运，常见的有马驮、骡驮、驴驮及骆驼驮等。驮运有专门的器具即驮架，将货物放在驮架上，赶着牲畜运输。驮运虽不及车运的运载量大，但其灵活性是车运无法相比的。一些崎岖、险峻的山路，车辆无法通行，只能驮运。在沙丘起伏的大漠中车轮无法行进，也只能驮运。

马驮、骡驮是山路运输的主力，在我国西南少数民族地区的山间小路上常有马帮往来。历史上曾有成千上万的马帮，行进在著名的茶马古道上。

"茶马古道"是云南、四川
与西藏之间的古代贸易通道，
因以川、滇的茶叶与西藏的马
匹、药材交易，用马帮运输，
故名。茶马古道发端于隋唐，
兴盛于明清，是世界上地势最
高、山路最险、距离最长的古
代商道。

茶马古道：马帮驮茶

骆驼驮是沙漠运输的主力。
骆驼具有极强的耐饥渴能力，
适应沙漠地区恶劣气候，因此有"沙漠之舟"的美誉。我们常见长长的驼队，
驮载着货物行进在新疆、内蒙古的漫漫沙海中。

牦牛驮是西藏最多见的驮运方式。牦牛体壮、耐劳、耐寒，适应西藏的
高寒气候，是藏区的主要交通工具。著名的西藏驮盐队就是以牦牛和羊为主
要驮畜的运输队伍。每年，牧人赶着牦牛和羊去盐湖采盐，再将采到的盐及
牧区的畜产品驮载到农区交换农产品。上千只羊和数百头牦牛一个个背负盐
袋、货物行进，铺天盖地，气势壮观，成为农区与牧区之间交流的主要纽带。

古老的马车

先秦古籍中一直盛传黄帝发明车辆的说法，后人也普遍认为是"黄帝作

陕西黄帝陵

舟车以济不通，旁行天下，方
制万里"。就目前所见的新石器
时期道路交通遗存来看，黄帝
发明车辆的说法虽然可以成立，
但可能只是结构比较简单的人
力车。《史记》说："黄帝者，
少典之子，姓公孙，名曰轩辕。
生而神灵，弱而能言，幼而徇
齐，长而敦敏，成而聪明。"所

谓"轩",就是牵引车辆的横木杠;所谓"辕",就是连接车辆的直木杠。黄帝以"轩辕"为名,这已经显示出黄帝与车辆的密切关系。至于后来成为主流的"奚仲造车"之说,仅就奚仲本人的职务而言,就不难看出奚仲只是车辆的改进者,而不是发明者。奚仲是夏禹时期的"车正",也就是负责管理车辆的官员,这本身就说明夏代已经有车可管。《说苑》曾言:"禹出见罪人,下车问而泣之",夏禹之有车已经显而可见。奚仲的历史功绩应当是改进传世多年的车辆,而不是从无到有的草创。《新语》所言:"奚仲乃桡曲为轮,因直为辕,驾马服牛,浮舟杖楫,以代人力",可见是奚仲解决了车轮、车辕,以及使用畜力驱动等技术问题,奠定了长达四千多年的非机动车辆格局,这也是功不可没的重大历史贡献。

《墨子》记载:"(商)汤以车九两(辆),鸟阵雁行,(商)汤乘大赞(大型战车),犯遂下(夏)众,人(入)之郊遂。"《吕氏春秋》说:"殷汤良车七十乘,必死六千人,以戊子战于郕,遂禽推移、大牺,登自鸣条,乃入巢门,遂有夏。"这就是说,三千六百多年前的商汤革命就有 70 辆战车投入战斗,商汤率先以 9 辆大型战车突入敌阵,一举击溃夏军主力,俘获了夏桀的将领推移及大牺,一直攻入夏桀都城的巢门,推翻了夏王朝。据史料记载,中国历史上首次使用战车是四千多年前的夏启西征,到商汤革命之时,已经相隔有四百多年,但是商汤以倾国之力发动的"鸣条之战",仍然只能投入 70 辆战车,可见中国古代经济发展之缓慢,交通进步之艰难。即便如此,这与"2700 多年前欧洲出现了第一辆四马两轮车"相比较,"中国四马两轮车的出现在时间上要早得多(约 900 年)"。

商代的道路交通及车船制作都有长足进步。据范福昌先生研究,甲骨文中的"车"字就有 400 多个不同形体,都是"车"的象形字。这表明商代的车辆制作尚未形成统一的技术规范,但同时也表明商代车辆的社会拥有量已经较多。"自 1928 年殷墟发掘以来,曾多次发现过殷代车马坑。但在解放前,因受当时发掘水平所限,都未能将坑中所埋的木质车子的遗迹清理出来。解放后,1950 年冬在辉县琉璃阁战国墓地,第一次剥剔出十几辆木车的已化为尘土的木构遗存。后来,随着发掘经验的积累,发掘技术也更为提高。新中国考古工作者先后在大司空村、孝民屯南地、白家坟西地等处的殷代车马坑的发掘中,经过精心细致的剥剔和清理,将数辆殷代车子发掘出来,为复原

古代农具——车

殷代车子提供了可考的依据。"据专家研究，"坑内所埋的车、马、人等当为贡献给殷王室的祖先神灵的祭品和牺牲"。其中"小屯宫殿区所发现的 5 座车马坑，是乙七宗庙基址南面包括 100 余座祭祀坑的祭祀遗迹的一部分；王陵东区发现的两座车马坑为殷王陵祭祀场的遗迹"。殷王室能够埋葬大量的车马以祭祀祖先，可见当时的车辆使用已经比较普遍。根据殷商甲骨文中关于帝乙征伐鬼方的记载，当时虽然俘获了鬼方的首脑须美，俘虏 24 人，斩首 1570 多人，但是缴获的战车却只有"二两（辆）"。由此可见，殷商王朝的车辆拥有量显然已经远远多于周边方国。

目前关于古代车辆的考古发现，最早的实证是郑州商城出土的两片陶范。经专家考证，这两片陶范就是浇铸青铜车轴头的铸模，属于商代前期。关于古代整车实物的考古发掘，"迄今已发现的商代晚期车马坑近 60 座"，其中有41 座分布于殷墟大司空村、孝民屯、郭家庄、刘家庄、梅园庄等地。此外，在西安老牛坡、渭南南堡村、藤州前掌、益都苏埠屯、灵石旌介村等地也先后发现陪葬车马坑多处，"凡遗迹现象清除者，其埋葬方式和车子结构都是相同的"。安阳殷墟出土的陪葬车，现已发现 54 辆，全部是一车二马配置。其中出土于王陵区者 32 辆，占 59.3%；出土于王室宗庙区者 6 辆，占 11.1%；出土于贵族墓地者 16 辆，占 29.6%。随同车辆陪葬者，还有驭夫、卫士、马夫等多人。

殷墟陪葬的马车，其主要构件有轮毂（车轮的轴心）、轴、辕、衡（车辕前端的横木）、軛（套于牲畜脖颈的曲木）、箱舆（车厢），制造工艺已经比较先进。据考古学家杨宝成先生研究，殷墟出土的车辆轨距平均为 2.3 米，最大轴长约 3 米，轮径 1.2~1.5 米，轮辐为 18~26 根，箱舆宽者为 1.7 米（最大进深为 1.5 米），箱舆窄者为 1 米（最小进深为 0.7 米），与古文献记载的车辆规格及驾乘方式相吻合。综合古籍资料记载及考古实物发现，商代的马车已经普遍设有"軎、辖、钟、衡、軛、衔、镳、络"等配件及驾驭用具。所谓"軎"，就是安装在车轴两端用于约束车轮，并保护车轴头的配件；所谓"辖"，就是通过车軎钻孔插入的"销子"，可以防止车軎从车轴顶端脱落；所谓"钟"，就是车辕尾部的脚踏板，用于提供上下车之便；所谓"衡"，就是车辕前端的横木，是设置"軛"的部位；所谓"軛"，就是车衡两端套于马脖子的装置；所谓"衔"，就是"马嚼子"衔入马口的部分；所谓"镳"，就是"马嚼子"露出马口的部分；所谓"络"，就是"马笼头"。殷商马车的最先进之处，就是采用"軛引式系驾法"。这种系驾法是采用"軛套"驾驭马匹，使马匹的肩胛两侧受力，而"颈靼"则只是防止"軛套"脱落的装置，不会勒紧马的颈部，可以保障马的正常呼吸。这与西方的"颈带式系驾法"相比较，能够避免马匹的气管受到压迫，更能充分发挥马力。专家们普遍认为，古代西方的战车之所以未能成为战场的主力，其最主要原因就是"颈带式系驾法"的局限。直到公元 3 世纪之后，中国古代的战车已经逐渐被骑兵所取代，西方才开始从中国传入"軛引式系驾法"，其落后于中国的时间至少是一千五百年。

殷商甲骨文中有一段关于武丁出动战车讨伐晋南的记载，其直线距离约 350 公里，道路行程约 550 公里。武丁的兵车只用 11 天时间就顺利到达目的地，日均行程约 50 公里，是当时步兵每天 15 公里行军速度的 3.3 倍，显示出"兵贵神速"的优势。这正如《墨子》所言，"利以速至，此车之利也"。

农用运输车与船

车，在中国有悠久的历史，甲骨文中已有车字，商周时代已大量用车。《诗经》中有许多关于车的描述。《说文解字》谓：车"夏后时奚仲所造"。春秋战国时代的战场更是车轮滚滚。汉画像石中有许多的图像，而且许多都是农用车的形象。江苏睢宁双沟画像石牛耕图，在犁耕者之后，就停放着一辆双辕双轮牛车，一般认为是往田间送肥料的车。山东邹县面粉厂工地出土的犁耕图右端，也有牛拉双辕双轮车的形象。四川渠县浦家湾无名阙出土的汉画像石中有一独轮车的图像，推车人坐在独轮车上，说明独轮车除独轮外，还有两只腿，能够独立停稳而不歪倒。山东沂南北寨村出土的汉画像石"丰收宴享"图，其中有三辆牛拉双辕双轮车的图像，车厢内装满粮食等待运输。内蒙古和林格尔新店子东汉墓壁画中也有三辆牛拉双轮双辕运粮车的图像，运粮车正在运输的路途中。四川广汉东南乡"收租"画像石中的双辕车，则是用马牵拉，车上还可以看到车厢。

总之，汉画像石中车的图像是很多的，其中有不少是农业用车，说明农用车也有悠久的历史。

《王祯农书》中记载了三种农用车，这些应该就是古代农用车的延续。

1. 下泽车

《王祯农书》说："下泽车，田间任载车也。古所谓'箱'车。《诗》曰'乃求万斯箱'，'脘彼牵牛，不以服箱'，箱即此车也。"下泽车的构造是："其轮用厚阔板木相嵌，斫成圆样，就留短毂，无有辐也，泥淖中易于行转，了不沾塞，即《周礼》行泽车也。盖如车制而略，但独辕着地，如犁托之状，

大车

上有橛，以擐牛挽盘索，上下坡坂，绝无轩轾之患。”这是一种适于在泥泞中行走的单辕畜力农用车。

2. 大车

对于大车的历史，王祯是这样研究的：“《考工记》曰，大车牝服二柯，郑玄谓‘平地任载之车’，《诗》：‘无将大车’，《论语》：‘大车无輗’，皆此名也。《世本》：‘奚仲造车’。”大车的构造是：“先以脚圆径之高为祖，然后可视梯栏长广得所……中原农家例用之。”

类似上述这两种车，在农村一直广泛应用，不过单辕车已不多见，多为双辕车。新中国成立前后农村中使用双辕畜力车者仍很普遍。

3. 拖车

拖车，虽名为车，其实无轮。结构是：“以脚木二茎，长可四尺，前头微昂，上立四榫，横木连之，阔约三尺，高及二尺，用载农具及刍种等物，以往耕所。有就上覆草为舍，取蔽风雨。耕牛挽行，以代轮也，故曰拖车，中土多用之。”这种拖车在农村用途很广，而且适应性很强。由于它的底拖具有滑橇的功能，对于农村凹凸不平、泥泞较多的路面及松软的田野尤为适用，而且可以作为遮风避雨、看护庄稼的临时流动茅舍。拖车的发明年代尚难断定。王祯为之赋的诗，从拖车联想到坐着“雕轮绣毂”的车在“南陌上”“看花”的人。诗曰：“早同农具破灭来，暮带樵薪载月回，不比看花南陌上，雕轮绣毂殷春雷。”

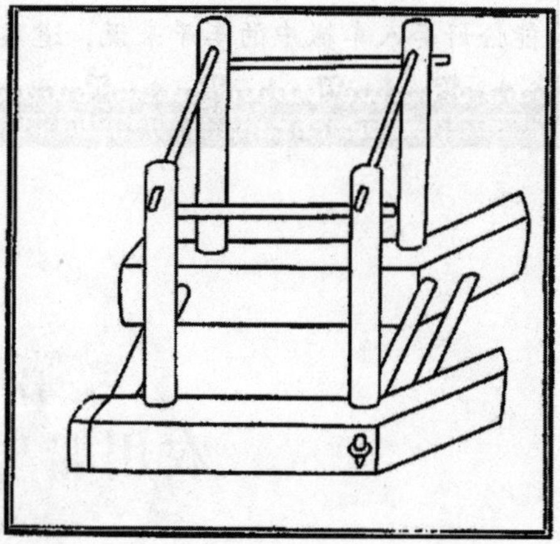

拖车

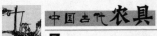

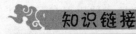

什么是车同轨？

　　西汉著名的史学家司马迁的《史记》在《秦始皇本纪》中有"一法度衡石丈尺，车同轨，书同文"的记载。这里的"一""同"是统一的意思。"车同轨"是秦始皇统一中国后颁行的一道法令。

　　古代的车是用木料制成的，车轮也是木制的。为了使车轮耐用，必须在木轮的外周箍上一层铁，为的是让车轮禁得起与道路之间的摩擦。车子在道路上行驶得久了，车轮就会与泥地或石板地进行长时间的摩擦，因此会在路上留下两道深深的车轮痕迹，也就是车辙。车子在车辙中行驶得越多越久，车辙就越深，以后的车辆在这两道车辙中行走起来也就越快。反之，对于不能恰好套入车辙中的车子来说，道路就会崎岖不平，行驶起来也艰难得多。

第二节
农用船与储粮工具

脱胎于浮具的筏

　　筏是从浮具发展而来的，而浮具是指未经人类加工的水上漂浮物。浮具的出现早于筏子和独木舟，因而它是最原始的浮水工具。

浮具是自然的天然产物。常见的浮具有倒伏的树干、脱落的树枝、随处可见的竹竿与芦苇等。人们通过大量实践得知，为了渡过小河，他们可以找来或拖来一段树干，趴伏在上面。从汉字"槎"中我们也可得到相关信息，"槎"，即为连干带叶的树段，现在写为"杈"。在古文献中"槎"是舟船的同义词，可组词"浮槎""乘槎"。由于年代久远，古人不明了原始人群利用树杈作为漂浮工具的事实，便将"槎"神秘化，解释成为神仙所造、有道之士所乘之类，称为"仙槎"。从这个字的考证中，我们可以得知一些人类祖先用天然树干做浮具的历史真实。

　　从文献记载来看，浮具是舟船的最早来源。《世本》载："古者观落叶因以为舟。"《淮南子·说山训》亦载："古人见窾木浮而知为舟。"说明我们祖先对一些物体具有浮性已有认识，从每天司空见惯的现象中受到启示，并对这些自然漂浮物进行仿制，通过不断的探索，终于仿制出了最原始的舟船。

　　人类的认识是不断深化的，有些浮具如树段、竹竿、芦苇等，本身浮力小，需要捆成束才能更好使用；有些本身就具有较强的吸水性，承载的负荷受到很大限制。为了进一步改进生活，人们就必须寻找到浮力大、防水性好

竹筏

的漂浮材料来做浮水工具。后来在不断的实践中，人们把几根树干或竹竿固定成排，用藤或绳把它们捆扎起来，从而成功地制成了筏。

筏因其大小和取材不同，在古代有不同的名称。《尔雅·释地疏》记有："桴、栰，编木为之，大曰栰，小曰桴，乘之渡水。"郭璞注释说："木曰栰，竹曰筏，小筏曰桴。"

筏的首创者是谁呢？无疑是人民大众，但在生活中人们却喜欢把类似的伟大发明归于某一位华夏始祖。伏羲，这位文化英雄便被人们推认为筏的发明者。《淮南子·物原》记载："伏羲氏始乘桴。""桴"就是筏。

筏具有很多独特的优点：制作简单，操纵灵活；面积增大，负荷较多；行驶平稳，安全可靠；配置篙、桨，可控方向；取材便利，成本低廉。因而，自从诞生以来，一直被人们用作水上工具，即使是今天，仍可以看到它的身影。

我国各族人民利用当地丰富的自然资源，创造出了形式多样的筏，有的甚至进一步发展为筏船。如江南的木筏，漓江上的竹筏，黑龙江省鄂伦春族的桦树皮筏，藏族的牦牛皮筏，九曲黄河沿岸的羊皮筏等。但其中使用最广泛的还是木筏，其次是竹筏。因为在上古时期，这两种漂浮材料分布最广，最容易得到，且结实耐用。古人认为筏是"并木以渡"，形容得很恰当。这种具有多重功能的筏，比起浮具来，更易受到人们的喜爱。《国语·齐语》"方舟设泭（同"桴"），乘桴济河"，说明古时山东齐国人已习惯使用筏来渡水了。甚至孔子周游列国之际，因各国诸侯不采纳他的主张，郁郁不得志之时亦曾发出"道不行，乘桴浮于海"的感慨。

人类智慧的结晶——独木舟

筏有不少缺点，最大的缺点是不能逆水而上，故而有"下水人乘筏，上水筏乘人"之谚。基于此，富有追求的人类祖先，又开始不满足于筏的优点，开始了新的探索。这种探索仍然离不开日积月累地对自然现象的细致观察。人类祖先在不断探索中，发现河水中漂浮的因天然腐朽形成凹槽的树段，浮力大于完整的树段，人甚至可以坐在凹槽里自由活动。这一意外发现激发了人类智慧的火花，便将这偶然的发现变成有意识的实践，经过大量的实践，人类终于试制出了原始的独木舟——舟船的最初形态。

关于独木舟的创造，古代文献中有不少相关传说。《周易·系辞》曰："伏羲氏刳木为舟，剡木为楫，舟楫之利，以济不通。"伏羲氏凿空木头以成舟船，剡削木材以成桨楫，使江河的交通得以顺畅；《世本·作篇》曰："共鼓、货狄作舟。"宋衷注曰："二人皆黄帝臣也。"把独木舟的创造，归功于黄帝的两个臣子共鼓和货狄；束皙《发蒙记》曰"伯益作舟"，认为独木舟的制作者为伯益；《吕氏春秋·勿穷览》曰"虞姁作舟"，说创造独木舟的人是虞姁；《山海经·海内经》曰"番禺始作舟"，认为独木舟是番禺制作的；《汉书》曰："黄帝作舟以济不通，旁行天下。"班固则认为是黄帝创造了独木舟。此外，还有《蜀记》中记载的大禹治水造舟的传说等。这些虽然各执一词，但它们却反映了一个重要的事实，即上古时代的独木舟，不是具体个人的独创，而是群体智慧的结晶，是上古先民群体的伟大创举。

独木舟的创造是人类历史上的一次伟大创举，它促进了人类文明的巨大进步。独木舟的制作是一个艰苦而复杂的过程，也是原始人类施展智慧的过程，而且它也依赖于当时的具体生产条件。一方面它需要比较锋利的磨制石器、石刀、石斧、石锛等；另一方面为提高效率，在刀削斧砍的前提下，还需使用火作为辅助手段。恩格斯说："火和石斧通常已经使人能够制造独木舟。"独木舟的制造，是石制刀具与火焚并用的结果。

如何用石器和火来制作独木舟，从我国民族史资料可得知一些信息。相传云南纳西族人祖辈都在制造独木舟时使用火。他们找来粗细适当的一段树

独木舟

干，把其一面砍削平整，并在平面上画出应挖去部分的轮廓，把它分成若干段。开挖时，一段段开始砍削，但并非全部用刀、斧砍削，而是在砍削之后用木屑点火燃烧，然后再砍削，如此反复，待到挖至合适的时候，再把分隔的各段打通。这样的石器和火并用的方法，极大地提高了制造独木舟的效率。因为只用石器加工劳动量很大，而在燃烧木屑以后，周围焦化的木质容易加工，也减轻了再次砍削的劳动量。

独木舟在我国南北方都有广泛的应用。生活在我国黑龙江流域的鄂伦春、鄂温克、达斡尔、赫哲等少数民族，很早就会制作独木舟。自汉代起"挹娄人便乘船"；至辽代，"其俗刳木为船，长可八尺，行如梭"。而独木舟使用最广泛的还是南方江河地区。宋代《溪蛮丛笑》记载："贵州、云南一带，蛮地多楠，有极大者，刳木为舟。"说明贵州、云南一带，多用楠木制作独木舟。晋代裴渊在《广州纪》记载，广州当地居民以制独木舟为业，就在树林边居住。周去非《岭外代答》记载："广西江行小舟，皆刳全木为之，有面阔六七尺者……钦州竞渡兽舟，亦刳全木为之。"表明南宋时期广西临江地区还有以整木制舟的习俗。台湾日月潭一带的高山族，至今仍有用樟木制作独木舟的习俗流传。

我国发明独木舟的大致年代，虽仍无法确认，但从考古资料的发掘可以推测独木舟在我国已经有比较悠久的历史了。1973年在浙江余姚河姆渡新石器时代遗址中发掘出六只木桨，说明当时已有水上活动工具了。还有一个像独木舟的废弃木构件，中间空，一头残损，另一头尖圆，直径约0.6米。在该遗址上还采集到一个舟形陶器，从陶质、制作方法、造型风格等特征来看，考古学家考证它的历史距今有六七千年。1976年广东化州县石宁镇三号汉墓出土的独木舟，舟内某些部位甚至可以很清晰地看出木屑被火烧焦化后用石器挖掘的痕迹。在我国江苏、福建、云南等地也出土了一些独木舟的残骸，说明在上古时期独木舟已是我国江河地区水上重要的交通工具了。此外，在四川及东南沿海地区，还陆续出土了一些棺葬独木舟，反映了我国古代某些地区存在的一种独特丧葬习俗。

农用运输船

船，《说文解字》曰："舟也，从舟、铅省声。"《说文解字》又曰："舟，船也。古者共鼓、货狄刳木为舟，剡木为楫，以济不通。"共鼓、货狄乃黄帝的大臣。甲骨文、钟鼓文均有"舟"字，《诗经》中也多次提到"舟"，《诗经·邶风·北风》："二字乘舟，汛汛其景。"《诗经·邶风·谷风》："就其深矣，方之舟之。"《世本》曰："古者观落叶以为舟。"《庄子·渔父》曰："有渔父者，下船根来。"这些都说明，舟、船具有十分悠久的历史。早在原始农业时代，人们就懂得了驾舟划船，航行捕鱼。特别在河湖港汊纵横的地区，舟、船很早就成了人们交通和运输的重要工具，也成了农业运输的主要工具。

宋应星在《天工开物》中，就提到有漕舫、海舟、杂舟等多类船只。《王祯农书》记载了三种农用船：农舟、划船和野航。这里进行简单介绍。

1. 农舟

《王祯农书》只说是"农家所用舟也。夫水乡种艺之地，沟港交通，农人往来，利用舟楫"。对其构造未作详细介绍，但作了一篇长长的"赋"，详细地描绘了这种农舟。其中写道："若夫非艇非航，非渔非商，凡农居江海，或野处湖湘，犹陆路之资车，办一榷於耕桑……"

农舟

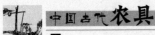
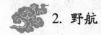

2. 野航

《王祯农书》说是"农家小渡舟也……如村野之间，水陆相间……故造此以便往来"。这种船的结构是"形如蚱蜢"，"制颇朴陋，广才寻丈，可载人畜一二，不烦人架，但与渡水两旁，维以竹草之索，各倍其长，过者挈索，即抵彼岸。或略具篙楫，田农便之"。王祯有诗曰："东皋茫茫春雨晴，前溪溶溶春水生，小桥攲仄已中断，野航一叶通人行。"

3. 划船

因为"船制短小轻便，易于拨进，故曰划船，别名'秧塌'"。"淮上濒水及湾泊田，待冬春水渥耕过，至夏初，遇有浅涨所漫，乃划此船，就载宿泡稻种，遍撒田间水内，候水脉稍退，种苗即出，可收早稻"。所以从这个意义上讲，划船可算得上播种农具。"又见江南春夏之间，用此箝（钳）贮泥粪，及积载秧枈（琴），以往所佃之地。若际水，则以锹掉拨至，或隔陆地，则引缆挈去，如泥中草上，尤为顺快，水陆互用，便于农事……"说不定秧马也会受此启发。

第三节
古代储量工具

窖储

从田里把粮食收获回来之后的首要工作就是保存收藏。据考古资料，我国古代最原始的储藏粮食的方式就是窖藏。在河北磁山、湖南澧县八十垱、河南新郑裴李岗等遗址都发现了大量的储藏粮食的窖穴。浙江余姚河姆渡新时器时代遗址不但出土了大量翻地用的骨耜，还出土了大量的水稻，说明在一万年前，我们的祖先已经率先进入了农耕经济社会。地下可很好地保存粮食。《唐书·食货志》："粟藏九年，米藏五年，下湿之地，粟藏五年，米藏三年。"《王祯农书》："五谷之中，惟粟耐陈，可历远年。"

考古发现，有些窖穴的表面还涂有一层碎的红烧土，事先用火烧过，以利于防潮。窖藏若有很好的防潮措施，地下潮气就无法侵袭粮食。密封式的窖顶结构，使窖内的粮食与外界完全处于一种隔绝状态，因而也就不会受到外界气温、温度变化的影响。王祯说"深藏胜仓廪"。

古人除了采用窖穴储藏大批量粮食之外，也采用陶制的器皿储存谷物及种子。

廪

仓储

有"粮"才有了仓。到了夏商西周时期，由于粮食增多，储藏方法也由地下窖藏发展到地上的仓储。甲骨文有"仓"和"廪"两字。西周时期的储藏已有仓、廪、庾、囷等多种方式。

《王祯农书》说，仓廪就是储藏粮食的地方，自古就有一定的形制，这是重视人民的粮食需要所致。其次的储粮方法还有囷和京，再就是窖和窦。大家都是这么做的，都是用于储藏粮食的，办法也差不多。

不过，在古代，用什么样的"仓库"储存什么样的粮食也很有讲究。仓、庾、囷用于储藏食用的谷物，而廪则多用于储藏谷种。在城邑的为"仓"，在郊野露天的谷仓为"庾"，囷是圆形的谷仓，京是方形谷仓。在城邑和郊外都设有粮仓，可见粮食的储备是很多的。囷、廪、京多用木、竹、荆柳、草苫、泥土等制成。

汉代的仓房在建筑规模、设计、制作上非常讲究，种类繁多。《王祯农书》说，现今国家储藏粮食的地方，凡是上面盖有通风气楼的就叫作"敖房"，凡是前面留有檐楹走廊的就叫作"明厦"。"仓"是共同的名称。这是古来的制度所规定的。农家储粮之屋，虽然规模较小，但它的名称是一样的，都是长年存放粮食的地方。盖粮仓的木料有外露的，都要用灰泥涂盖严实。这样能防止火灾，而且木头也不会虫蠹，可以长久存放粮食。可见，汉代在粮仓建筑设计上充分考虑了通风、防潮、防火、防鼠的特殊功能，对后世粮仓建筑产生了深远影响。

在汉代出土的随葬器、画像砖中我们尚能清晰地看到形制各异的汉代陶仓、陶瓮、仓房的形制和规模，同时，它们也反映出陶质明器的主人希望死后也能在天堂享受生前锦衣玉食的愿望。

第七章

对古代农具的继承与发展

　　明清以后，中国农具技术和其他科学技术一样，与西方迅速发展起来的资本主义国家相比，显得越来越落后了。对此，许多中国人都为之忧虑，希望找到这个变化的原因，以期重新走上振兴中国科技的道路。

　　实际上，中国传统农业生产工具由先进变后进，并不是一个孤立的事件，它是和中国科学技术整体由先进变后进联系在一起的。

第一节
中国古代农具发展回顾

中国农具技术由先进变后进的原因

中国的科学技术为什么在明清之际，与世界新兴资本主义国家相比，显得落后了呢？

落后的社会制度是中国落后的根本原因。我们知道，元朝以后，特别是明清时期，世界许多国家开始向资本主义过渡。而资本主义制度在当时来说，是符合社会发展规律的，是对社会经济发展具有极大促进作用的。因而那些在新兴资本主义制度左右下的国家经济以极高的速度发展起来。高速发展的经济，必然会出现与之相适应的科学技术与文化艺术。而此时的中国，却一直停留在没落阶段的封建主义制度束缚之下，虽然科学技术也有所发展，但与新兴资本主义制度下科学技术发展的速度相比，差距就太大了。所以许多资本主义国家，在这个时间不仅赶上了中国，而且大大超过了中国。

那么，在世界许多国家进入资本主义制度的时候，为什么中国偏偏没有进入资本主义呢？这是有深刻的历史根源和思想根源的。

其实，在中国产生资本主义的因素是很早就出现了的，早在神农时代，就有了集市和商品交换的萌芽。商代已有了货币，以后的整个历史进程中不断有资本主义的因素萌发出来。但是自古以来，中国就形成了一条重农抑商的顽固传统，一直束缚着资本主义因素，使它很难有产生与发展的空间。其实，发展商业会对社会经济带来巨大效益，历代的统治者并非全无认识，但他们从中国的哲学家、思想家那里，深刻地领悟了一条使他们认为应该永远遵循的哲理，那就是：商品经济会导致人们自私心理的无限膨胀，从而诱发拜金主义、唯利是图、尔虞我诈行为的泛滥和蔓延，致使全民道德水平下降，以致大大增加社会的不安定因素。老子《道德经》第四十六章就有这样的话："罪莫大于多欲，祸莫大于不知足，咎莫憯于欲得。"所以中国的历代统治者，宁肯抑制商品经济发展，以保护淳朴的农业经济不受到过多冲击，从加速农业经济的发展中来补偿因抑制发展商品经济而造成的损失，也不愿意因发展商品经济而使社会道德低下，从而造成社会动荡不安的局面。这就是中国之所以没有及早地发展为资本主义社会的根本原因之一，当然也是后来中国和新兴的资本主义国家相比，经济、技术由先进变后进的根本原因之一。

改革开放以后的中国现实已经得到充分证明：中国古代先哲们的担心并不是多余的，只是他们一直没有找到一条既能发展商品经济，又不会使人道德沦丧的途径，而只是采取了消极避开的办法。这个难解的哲学难题，也许只有在新中国条件下的社会主义市场经济发展中，才能逐步得到解决。

除此之外，中国科技，包括农具科技由先进变后进，还有许多具体原因，例如，中国长达几千年的封建社会，儒家哲学思想一直处于统治地位，官方对

古代农具

这种哲学提供保护。因而以经验积累和材料汇集为主要形式的中国古典科技包括农具，一直走不出这道哲学的围墙，不能把经验上升为理论，不能出现从量变到质变的飞跃。因而农具的进步常常只表现为局部的改进，很少出现质的升华。以儒学为主要内容的奴化教育，以写"八股"文为培养知识分子的标准，以"学而优则仕"为知识分子的奋斗目标，使教育脱离生产、脱离实际。知识分子以升官为荣，以研究生产技术为耻。尽管统治者也喊一喊重农的口号，却很少对知识分子研究科学技术采取鼓励措施。历史上的科学家包括农学家，几乎没有一个是官方培养出来的，大都是挣脱了重重的精神枷锁才取得一定成就的。中国农具的发展改革，绝大多数都是广大农民和民间的能工巧匠，在生产实践中不断自发进行的。由于中国地大物博，而封建制度又发展得比较完善，且中华科技文化长期居世界前列，因而许多中国人，特别是统治阶层，铸成了一种自满保守、妄自尊大的思想，对国外先进的东西看不进眼里，不尊重、不学习，甚至一概排斥。当近代先进科学技术在欧洲一些国家发展突飞猛进的时候，中国仍然尊经崇古。受各种各样环境的影响，中国古代的科学工作者，虽然总结出了一套综合研究法，但具体分析尚不够深透，以致影响了对科学技术的深入研究，阻碍了向现代科学的转化。在农具技术中表现最突出的就是犁铧和犁壁，在人们远远不懂曲面原理的情况下，却造出了具有如此先进曲面的犁铧和犁壁。在科学研究中人们停留在知其然而不知其所以然水平上，这些都影响了中国传统科技与现代科技的接轨。

以上论点是否完全正确，有待进一步探讨。但不论怎样，有着几千年光辉历史的中国传统科学技术，包括农具技术，在新中国优越的社会主义制度下，在总结历史的经验、教训的基础上，终于走上正确发展的轨道，从而促使中国的物质和精神文明建设都获得伟大丰收。

中国人为什么没有发明拖拉机

我国古代有一句格言："工欲善其事，必先利其器。"这个"器"就包括我们在这本书里所说的各种各样的生产工具。我们今天特别强调要建设创新型国家，因为只有创新才能推动社会的进步和发展，这是已经被历史反复证明了的真理。我国的传统农具不仅在本国文明发展中起过重要作用，其中有一些还流传到了周边国家甚至远传西欧，对世界农业文明进步做出了贡献。

在古代农具史上，影响最大的是犁具和牛耕的发明。传统农业中使用的犁是由原始社会的耒耜逐步演变而来的，因此古代人们常以耒耜来称"犁"。犁的发展历程是先有木石犁，而后有金属犁，后者又分为青铜犁和铁犁。

《山海经》里有一段记载说，远古时代的"农神"后稷"降百谷"，后稷的侄儿叔钧"始作耕"。但是传说中的"耕"还不是今天所说的用犁耕地。更有意思的是，甲骨文里有一个"勿"字，有人把它解释为"犁"，而将"物"解释为牛拉犁的象形字，因此主张商代已经有了耕犁和牛耕。但是另外一些学者认为无论在文献上和文物上都找不到殷商时代已有牛耕的证据，而认为甲骨文中的"物"字的右半部"勿"是一把沾有血点的刀，所以"物"应该是用刀宰牛的象形字。不过，到了春秋时代，牛耕就有了确实的文献记载。这种先进的生产方式在当时大概还不很普遍，还比较新奇，因此喜欢赶时髦的知识分子就用"牛"和"耕"来取名字。例如，孔子的弟子里，有人称"冉耕字伯牛"，也有人称"司马耕字子牛"，等等。

牛耕这种生产方式代表了一个新的生产力时代的到来。从单纯依靠人力耕作转变为利用畜力拉犁，是一次革命性技术进步。它在农业发明史上的地位，一点也不亚于近代发明的拖拉机。另外，制作牛耕所用的犁需要掌握一定的力学原理，表明当时已具备制造复杂农具的工艺技术。

继耕犁之后，我国又发明了播种用的耧车。它是一种用畜力牵引的播种器。东汉人崔寔的《政论》中记载这种耧车的用途和功效。作为专用的播种器具，它已具有当代播种机的某些原理和雏形。用耧车播种，能做到行距一致，深度一致，疏密均匀，并且在播种时，将开沟、下种、覆土等作业环节合并进行，既提高了播种质量，又提高了工作效率。

我们的祖先不仅驯化了庞然大兽如牛、马、驴、骡来挽犁、拉车、骑射，还利用水力、风力来推磨践碓，提水灌溉，做到"延身借力，其利百倍"。我国在汉代就已有了畜力碓和水力碓，用来加工粮食，脱壳磨面。到魏晋南北朝时，出现了更多精巧的发明和创新。例如，魏晋南北朝时的崔亮发明了用一个水轮推动八个磨盘的"八磨"机，使粮食加工的功效提高了8倍。西晋时有人对"八磨"做了改进，将水轮转动改为用牛推拉，史书上说是"策一牛之任，转八磨之重"，这样就可以在没有河流的地方也能用上高效的"八

古代农具

磨"了。元代的农学家王祯称八磨为"连磨",并为我们绘出了一幅一目了然的立体结构图。

还有一种极尽机巧之能事的磨车,是由南北朝的发明家石虎制作的。它的工作原理是,利用马车前进的动力,通过一定的连动装置带动石磨的转动机械,使马车在前进中同时可以加工粮食。这可能是为了在流动性强的特定环境中(比如运动中的军队)使用。这种机械装置肯定比较复杂,后世未见推广。但是,石虎的发明思路,十分值得赞赏。还有,南朝著名数学家祖冲之在人类历史上第一次正确计算出"圆周率",这是大家都知道的;而祖冲之同时也是一个农具发明家,可能知道的人就不多。据史书记载,祖冲之曾经发明、制造了结构很复杂而且很实用的水碓和水磨。

大致地说,我国古代关于农具的重大发明,到魏晋南北朝时,已经基本齐备了。传统的人力操作的小件农具自不必说,即使是后世习见的畜力农具以至借助水力的比较复杂机巧的谷物加工成套装置,到此时也相继发明了。

我国古代有如此众多而且先进的农具发明,为什么近代那么多划时代的科技发明创造，总是远离我们拥有五千年文明积淀的祖国？为什么蒸汽机、内燃机、电动机、拖拉机等竟没有一件是在充满智慧的中华大地上首先制造出来？

要回答这些沉重的问题，我们还得回到历史中去寻找答案。

我国过去几千年都处于农业社会，其主要特征是以农养生、以农养政。人要生存靠农业提供衣食之源，国家政权要正常运转靠农业提供财政来源。历代君王都深知"国之大事在农"，不得不以农为本，实行重农政策。但是，历朝历代封建朝廷差不多都实行以重税为前提的重农政策。为推行这些重农、重税的政策，他们把土地、户籍的赋税制度捆在一起，逐渐形成了一整套封建制度。虽然有过几次农业税费改革，但只是在纳税对象、方式、时间等方面加以调整，征税总量却总是有增无减，并未从根本上改变重税的本质。显然，传统的重农思想在于重视农业生产、重视农业税收和重视农民力量的利用。这些重农政策的结果总是损害农民的利益。可以说，封建社会的重农实质上是重民力而轻民利。在封建社会制度下，农民即使生产再多的农产品，也不能获得品尝自己劳动成果的喜悦，甚至有"苛政猛于虎"的惊叹。

由此可以看出，重农思想的核心在于重"民"。但"民"从来都不是权力的主体，"君"才是主宰。重农的结果只能培育出对"皇权"和"官"的顺从和服从。皇权专制和官本位的存在，使得以农民为主体的我国封建社会缺乏民主意识，农民从来都不能平等地表达自己的利益诉求。农民的利益和权益常常被侵犯和剥夺，因此造成了无数次惨烈的农民起义和农民战争。两千多年的封建社会都是在"治乱交替"中发展演进。封建统治者提出的"民为邦本""民贵君轻""吏为民役"等"重农"思想，只不过是为缓和阶级矛盾的政治话语。一个不能维护大多数社会成员利益的社会不可能做到"长治久安"。而社会周期性动荡不安，自然就会阻碍科学技术的进步和发展。

公元6世纪后期，隋朝创设了科举考试制度来选拔官员，而考试的内容主要来自"四书五经"等儒家经典。从此，"学而优则仕"的儒家思想更加根深蒂固，一代又一代知识分子终日埋头于儒家经典的诵读，陶醉于摇头晃脑的"入仕当官"的憧憬之中。由于"官本位"的影响，封建社会的知识分子对行政权力有着很强的依附性。如果一个民族的精英们都一心只想着去当官，这个民族就会失去发明创造的动力和灵气，甚至会把科技发明贬为"雕虫小技"而不屑一顾。然而，在地球的另一边，欧洲各国在 14 世纪兴起了文艺复兴运动，大批知识精英开始为科学实验穷思竭虑，甚至不惜为科技发明而英勇献身。

封建社会的全部制度安排都是为了巩固小农经济的社会基础。它总是把工商业的发展困囿于小农经济的范围，由此导致了闭关自守、安土重迁。我国拥有广阔的领海和绵长的海岸线，自古就拥有堪称先进的造船和航海技术，航海中必不可少的指南针是我们的祖先发明的。可是几千年来，我们几乎没有从海洋交通中得到好处。明朝著名航海家郑和下西洋比哥伦布发现美洲大陆还早了将近一百年。可是郑和七下西洋，却没有引领我国走向世界，没有促使我国走向开放。在郑和下西洋四百多年后，西方列强的远洋船队把我国推进了半殖民地的深渊。同样，我国在明朝晚期就通过来华传教士接触了西方近代科学，著名农学家徐光启还与传教士们成了好朋友，得益于传教士的介绍而写成了《泰西水法》。我们接触西方近代科学的时间远比东邻日本早得多。然而后起的日本在学习西方近代文明后很快强大起来，公然武力侵略我国，给我国人民造成了深重的历史灾难。这段沉痛的历史，永远值得中华民

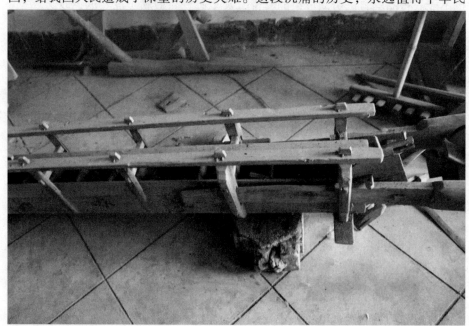

古代农具

族炎黄子孙铭记和反思。

如果对公元纪年两千年来的人类文明积累作一个粗略的回顾，那么可以这么表述：前一个千年中华民族在政治、经济、文化、科技等方面，遥遥领先于世界，"独领风骚一千年"；后一个千年的前半期中国与西方国家共同发展，不分高下雌雄，后半期中国逐渐落后，最终发生列强入侵、落后挨打的历史悲剧。从古代的农具发明推广史来看，历史的脉络也基本如此。中国没有最先发明拖拉机，就成为历史的必然。

 知识链接

明清农书

进入明清时期，徐光启汇集前人的农业技术成果，吸取来华传教士带来的西方农业科学知识，并结合自己进行的农业实验，写成一部农学巨著《农政全书》。另外，还要说到清代张履祥的《补天书》，书中所载的经营经验和技术知识，有许多独到见解，为今天留下了不少关于江南地区农业经营的真实情况。总的来说，明清时期我国农书编著刊刻最繁荣，遗存农书有200余种之多。出现这种情况的历史原因是：一是我国人口从明初不足1亿增至清末的3亿多，衣食问题更为突出，编写农书来总结和推广生产经验成为当务之急；二是传统农业科学技术已进入全面发展时期，具备编写农书的客观条件；三是明代中叶以后，知识阶层盛行"经世致用"之学，不少学者热衷研究农业生产；四是印刷术有了明显的进步，印书效果较以前方便。

第二节
中国近现代农具发展

 新中国农具发展简述

新中国成立之后，中国农业机械的发展进入了一个全新的时期。在前进的道路上，尽管也出现过这样或那样的失误和挫折，但还是促使农业生产取得了震惊世界的伟大成就。

1. 传统农具的增补与改良

新中国成立伊始，就把恢复和发展国民经济作为首要任务。当时的农村，恢复和发展农业生产的最大障碍之一，就是农具的严重不足，增补农具就成了全局性发展农业的当务之急。1951年，原农业部召开了农具工作会议，提出全国农具工作的方针是迅速增补旧式农具，稳步发展新式农具。会后很快在全国形成了群众性的农具制造热潮，到1953年底，全国共生产旧式农具5900多万件，并对西南少数民族地区无偿发放了小农具200多万件，初步解决了农具不足的矛盾，从而保证了农业生产的较快恢复。

在增补旧式农具的同时，群众性的农具改革热潮随之兴起，涌现了一大批革新改良的新农具，许多革新改良农具不仅改善了劳动条件，提高了

双轮双铧犁

生产效率，而且更激发了农民的劳动热情。对此，中央及时地给予肯定和鼓励，促使这项活动发展得更顺利、更健康。

在这次群众性的农具改革热潮中，许多有关专家和技术人员也都参加进来，以著名的农机专家、清华大学教授刘先洲为代表的一批科技人员，深入农村、工厂，与工人、农民合作，研制成功了许多深受欢迎的新农具，如解放式水车取代了不少笨重的斗式水车等。通过这次农具改革热潮，使中国传统农具的面貌发生了很大变化，主要表现是：数量和种类都增多了，坚固耐用了，效率和作业质量都提高了。经原农业部和中国农业科学院粗略统计，这次改良的农具不下上千种。

与此同时，我国还有选择地从苏联和东欧一些国家引进了一些马拉式农具试用和仿制。到 1955 年我国已能成批生产 9 大类 50 多种半机械化农具，如双轮双铧犁、马拉播种机、三齿耘锄、人力打稻机、玉米脱粒器、解放式水车、轴流泵等。

在增补、革新、改良传统农具的同时，为了探索进一步发展农业机械的道路，在老解放区几个国营农场的基础上，又建立了一批国营农场和国营拖拉机站，并进口了 16000 多台拖拉机及配套农机具，还相应地建设了一批农机修造厂，从 1953 年开始，一些农机厂或相关工厂，试制部分机引农具，到 1957 年已能制造五铧犁、播种机、大型脱粒机及牵引式联合收割机等。制造动力机械的能力也得到较快发展，年产量由 1952 年的 4 万马力，增加到 1957 年的 69 万马力。1950 年大连习艺机械厂仿制出第一台轮式拖拉机，山西机器公司仿制出第一台履带式拖拉机，为我国发展大型机械化农业机械迈出了第一步。

总的说来，这个阶段农业机械发展的道路是符合中国国情的，是正确的，效果也是十分明显的。这八年中，全国农业总产值每年递增 8%，粮食总产递增 7%，棉花总产递增 17.7%。

2. 经受了 20 年风风雨雨的中国农具

从 1958 年开始之后的 20 年中，中国经历了"大跃进"和"文化大革命"等运动，中国农机的发展主要是在"左"倾思潮的指导下进行的，应该说农业机械化发展的速度是很高的，对农业生产也产生了不小的促进。但这个促进与农业机械化发展的速度相比，却是极为不相称的。

在新中国成立初期农具改革热潮的波及下，1958 年出现了新的"跃进"，各相应工厂相继试制了一批拖拉机，特别是洛阳拖拉机厂的建成投产，极大地增加了农机工业的实力。与此同时，违反客观规律的浮夸"风"吹了起来，表现在农具改革上是大搞"运输工具车船化、轨道化、索道化、轴承化"。各地不顾实际条件，突击办工厂，突击出产品，结果是制造了不少粗制滥造农机产品，却没有实用价值，劳民伤财。1960 年农机部就安排了 276 个基建项目，其中 19 个拖拉机厂，35 个动力机厂，25 个机引农具厂。这些项目规模大，周期紧，在当时的物力、财力和人力条件下，实际上是不可能全部完成的，有许多不得不中途下马，造成了巨大浪费，对农业生产并没有产生预期的效果。1958—1962 年，农业总产值平均每年递减 4.4%，粮食平均每年下降 3.9%，棉花平均每年下降 14.5%。

在"调整、巩固、充实、提高"的方针出台后，从 1961 年开始，农机行业也进行了大量调整，关停了一批工厂，撤销了一批小农机科研机构，压缩农机基本建设规模和资金，集中保重点企业，实实在在地增强了农机行业的实力，促使农业生产也得到较快恢复和发展，1965 年全国农业总产值比 1957 年增长了 9.9%。

中国农机发展刚刚步入良性发展的道路，1966 年"文化大革命"开始了，一直持续了 10 年之久，农机事业和其他事业一样，受到严重干扰。1966 年初，中央又重申"用 25 年的时间，基本上实现农业机械化"的要求。同年 7 月，农机化湖北现场会明确提出"1980 年基本上实现农业机械化"的口号。这个口号本身就缺乏应有的科学性，后来又把它变成必须完成的指令，就更加错误了。在这个指令的层层推动下，虽然农机行业发展很快，新产品不断涌现，但由于农机行业盲目布点，重数量轻质量，只追求表面形式，不讲求实际效果，结果不但造成巨大浪费，而且不能构成支援农业的实际效应，虽然大批农业机械涌入农村，农机动力直线上升，农产品产量却增长甚微，甚至徘徊不前。1976 年和 1965 年相比，农业总产值平均每年只递增 3.8%，粮食总产平均每年只递增 3.6%，棉花总产平均每年只递增 0.2%。直到 1978 年 1 月第三次全国农机化会议，许多国内外人士已经明确提出：1980 年基本实现农机化的目标不可能达到。但会议却把这些认识作为"种种怀疑论调"加

古代农具

以批驳，并发出"全党动员，决战三年，为基本上实现农业机械化而奋斗"的号召。这次会议以后，全国又一次掀起大搞农机化的风潮，又一次给国家和人民造成重大损失。同年12月，中共中央十一届三中全会召开，从此开始扭转农机化发展中的极左思潮。

中国农机化的风雨20年，根本的原因在于没有很好地研究中国农具发展的历史，没有摸清中国农具的家底和现状，没有搞清楚怎样叫农业机械化，中国要实行什么样的农业机械化等问题，单纯地出于要把农业生产搞上去，尽快使农民生活得到改善的良好愿望，主观武断地进行的。到头来的结果是，失败大于成功，教训多于经验。

改革开放以后农具的发展

从1979年起，随着农村经济体制的改革，新中国成立30年的农机发展，受到历史和现实的检验与客观评价。农业和农业机械的发展，开始走上了经

175

现代收割机

过现代科学技术改造和加强的、中国式的道路。改革开放初期的那几年，随着家庭联产承包责任制的推行，大型机械化农具使用率大大下降，传统农具特别是经过改良的传统农具使用率大大上升。机械化作业面积下降了，而农产品的产量却提高了。1978 年的粮食总产量是 30497 万吨，1984 年粮食总产量增加到 40731 万吨，平均每年增长 1705.7 万吨，获得了历史上的最好收成，充分展现了农村经济体制的改革和使用传统农具的优越性。经过几年发展，传统农具的局限性和脆弱性的一面也开始暴露出来，1990 年以后，国家进一步加强了对农业的领导，调整了发展农业和农具的政策，提倡"农民需要什么农具，就生产什么农具"的做法，一大批适应新的经济体制的中小型农机具投入农村市场。随着社会主义市场经济体制的不断发展与完善，农机市场也渐渐地兴旺起来，以中、小型为主的农业机械，在农村逐年增多，以农机专业户和联合收割机作业队为主要形式的新的机械化作业方式逐年扩大，农村的机耕、机播率也随之逐年提高。与此同时，农村还自发地掀起了又一次对传统农具改良的热潮，新的小改革、小发明不断涌现，农具和农业生产不断攀登着新的台阶。1993 年粮食总产量达到 45640 万吨，1996 年达到 49000 万吨，1997 年突破了 50000 万吨，充分解决了 12 亿中国人民的吃饭问题。近年在粮、棉、油继续增长的基础上，国家又及时地提出了调整农业种植结构的要求，随着优质粮、棉、油的大量投放市场，中国人民的生活水平又会有新的提高。

传统农业与现代化

中国古代农业的发展并不是一帆风顺的，它遇到过不少困难和挫折。从上面的叙述我们可以看到，我国的自然条件对古代农业的发展既有有利的一面，又有不利的，甚至是严峻的一面。我国历史上自然灾害相当频繁。据邓云特《中国救荒史》统计，从公元 206—1936 年，我国水、旱、蝗、雹、风、疫、地震、霜、雪等灾害共发生 5150 次，平均每四个月发生一次。其中旱灾 1035 次，平均每两年发生一次；水灾 1037 次，平均亦每两年发生一次。土地条件也是利害参半，我国现有耕地中不少是原来的低产田，外国人视为不宜耕作的"边际土地"。从社会条件看，我国长期处于封建地主制统治下，广大农民在认识规律的基础上充分发挥人的主观能动性，利用自然条件的有利方面，克服其不利方面，以争取高产。精耕细作重视人的劳动，更重视对自然规律的认识。

英国著名中国科技史专家李约瑟认为中国的科学技术观是一种有机统一的自然观。这大概没有比在中国古代农业科技中表现得更为典型的了。"三才"理论正是这种思维方式的结晶。这种理论，与其说是从中国古代哲学思想中移植到农业生产中来的，毋宁说是长期农业生产实践经验的升华。它是在我国古代农业实践中产生，并随着农业实践向前发展的。受地主和国家的苛重剥削，这种剥削降低了农民的生产能力和抗御自然灾害的能力。尤其是封建地主制的痼疾——土地兼并的恶性发展，往往促使各种社会矛盾激化，导致大规模农民起义或统治阶级内部各集团间的战争。民族矛盾也会发展为民族战争。民族战争有时和阶级战争接踵而至。战乱又往往和天灾纠结在一起，像一张血盆大口，无情地吞噬掉多少年积累的农业生产成果。在我国历史上，由于天灾人祸相继发生造成赤地千里的惨况是屡见不鲜的。在封建社会后期，我国农业又面临人口膨胀所造成的巨大压力。

然而，这些困难和挫折虽然给我国古代农业造成严重的破坏，但不能中止它前进的步伐。具有多元交汇的博大体系和精耕细作的优良传统的中国传统农业，犹如一棵根深蒂固的大树，砍断了一个大枝，很快又长出了新的大枝来代替，不但依然绿荫满地，而且比以前更加繁茂了。

中国古代农业多元交汇、精耕细作的特点是如何形成的呢？

我们知道，农业生产以动植物为对象，离不开自然界，自然环境如何，对农业生产影响极大。不过，农业生产的主体是人，而人并非只是消极地适应自然，而是能够能动地改造自然。所谓自然条件的优劣，是相对而言的；它对农业生产的作用是正是反，是大是小，往往视人类利用和改造自然的能力为转移。如滔滔江河，当人们还不能控制它的时候，往往洪潦横流、肆虐大地；一旦人们控制了它，河水就听从人的使唤，给人类带来灌溉、航运以及发电等多方面的利益。我们还可以看到，过于"优厚"的自然条件（如天然食品库过于丰裕）往往助长人们对自然界的依赖；而相对严峻的自然条件，反而会激发人们改造自然的勇气和才智。因此，对农业生产发展更有意义的，不是自然条件的"优厚"，而是它的多样性。中国古代农业实得益于这种多样性。它不像某些古代文明那样局促于一隅，而是发生于一个十分宽广的地域内。它跨越寒、温、热三带，有辽阔的平原盆地，连绵的高山丘陵，众多的河流湖泊，各地自然条件差异很大，动植物资源十分丰富，这是任何古代文明起源地——不论是古埃及、两河流域、印度河流域，还是古希腊，都无法比拟的。在这样一个宽广的舞台上，中国古代劳动人民的农业实践，无论广度和深度，在古代世界都是无与伦比的。各地区各民族基于自然条件和社会传统的多样性而形成相对异质的农业文化，这些文化在经常的交流中相互补充、相互促进，构成多元交汇、博大恢宏的体系。在这一体系下，农业具有发展和创新的内在动力，而且回旋余地很大，这使得它在总体上具有极强的抗御灾害、克服困难的能力。

在中国古代农民丰富的农业实践中，产生了精耕细作的优良传统。精耕细作本质上是中国古代人民针对不同自然条件，克服不利因素，发扬有利因素而创造的巧妙的农艺。各地区各民族农业文化的交流，促进了精耕细作科学技术体系的形成，并不断丰富它的内容。从某种意义上说，精耕细作是多元交汇农业体系的产物。

除此以外，精耕细作科学技术体系的产生，又与一定的社会经济条件，尤其是与封建地主制有关。在封建地主制下，虽然剥削苛重，但土地可以买卖，自耕农始终占有相当大的比重，地主则主要采取租佃制的剥削方式，而佃农对地主的人身依附，要比份地制下农奴对领主的依附轻些。无论自耕农和佃农，都有较大的经营自主权。因此，他们发展农业生产的积极性和主动性比欧洲中世纪农奴要高得多。我们知道，农业生产归根结底要靠人，劳动者的积极性和主动性是至关重要的。精耕细作的农业技术，正是以充分发挥人的主观能动性为前提的。同时，由于个体农民经济力量薄弱，生产条件不稳定，经常受土地兼并及地主增租夺佃的威胁，扩大生产规模是很难的，一般只能在小块土地上，用多投劳力和改进农技艺的方法，尽量提高单位面积产量，以解决一家数口的生计问题。这也是精耕细作传统形成的重要原因之一。

我国古代农业尽管遇到无数次大大小小的天灾人祸，但从来没有由于技术指导的错误而引起重大的失败。不管遇到什么样的困难和挫折，精耕细作的传统始终没有中断过，而且，正是这种传统，成为农业生产和整个社会在困难中复苏的重要契机和

古代农具

重要手段。魏晋南北朝的农业史、辽金元的农业史、清代的农业史，都说明了这一点。

中国传统农业虽然取得了辉煌的成就，但它毕竟主要是在封建时代小农分散经营的条件下形成的，是建立在手工操作、直观经验的基础上的。由于传统农具明清后没有继续获得改进，但人口增加，人均占有耕地面积减少。由于经营规模的狭小和分散，劳动生产率低下，这就极大地限制了商品经济发展的广度和深度，极大地限制了其他经济文化事业发展的规模。另外，尽管中国古代很早就出现合理利用自然资源、因地制宜全面发展农业生产的思想，尽管在一定地区和一定范围内形成了各业综合发展的良性农业生态体系，但在封建制度和分散经营条件下，不可能在更大规模上合理利用自然资源，不可能在生产结构的总体上建立农、林、牧、副、渔各业协调发展的关系。由于盲目开发导致森林、牧场和水资源的破坏，以及农、林、牧、渔比例失调等现象确实发生了。从人类社会生产力发展的总进程看，传统农业已落后于时代，它必然要被现代农业所替代。这一替代，欧美国家在资本主义产生和发展的过程中已经完成了。而中国的农业，由于特殊的历史原因，直至

现代还没有完全脱离传统农业的范畴。从传统农业向现代农业过渡，用现代科学和现代装备改造我国农业，仍然是今天社会主义建设的重要任务。

但要实现中国农业现代化，并非要全盘否定中国的传统农业。我们只能抛弃传统农业中落后的东西，对其中合理的成分则应继承和发扬。精耕细作的科学技术体系正是我国传统农业的精华和合理内核，在传统农业向现代农业过渡的今天仍保持着旺盛的生命力。例如，它集约经营、主攻单产，对土地资源的利用比较经济，这无疑适合我国当前人多地少、耕地后备资源严重不足的社会经济条件。而且，世界上土地有限，人口却不断增长，人类总是要向有限的土地索取越来越多的产品，以满足不断增长的人口的需要，因此从长远看，人类也只能走精耕细作、提高单产的道路。

在实现农业现代化过程中，要学习西方先进的农业科学技术。但应看到，西方现代农业虽然应用了近代自然科学的成果，取得了重大成就；但西方近代自然科学是把自然界分解成各个部分进行孤立的研究的结果，对事物之间总的联系注意不够。因此，西方现代农业在一定程度上违背了农业的本性。西方现代农业出现的环境污染、水土流失、能量的"投入—产出比"随投入量的增加日益下降等问题，不能不说与此有关。相比之下，中国传统农业科学技术比较注意农业生产的总体，比较注意适应和利用农业生态系统中农业生物、自然环境等各种因素之间的相互依存和相互制约，比较符合农业的本性。也因而能比较充分地发挥人在农业生产中的能动作用，使人和自然的关系比较协调。在一定意义上，这代表了农业发展的方向。

总之，现代科学、现代装备与精耕细作的优良传统相结合，是中国农业现代化的必由之路，也将是中国农业现代化的特点和优点。中国传统农业的精华，将在中国未来的农业中永生。

知识链接

王祯与《王祯农书》

　　《王祯农书》是中国元代的综合性农书，作者王祯。是元代总结中国农业生产经验的一部农学著作，是一部从全国范围内对整个农业进行系统研究的巨著。《王祯农书》37 集本成书于元仁宗皇庆二年（1313 年），明代初期被编入《永乐大典》。明清以后，有很多刊本。1981 年出版了经过整理、校注的王毓瑚校本。全书约 13 万余字。内容包括 3 个部分：①《农桑通诀》6 集，作为农业总论，体现了作者的农学思想体系；②《百谷谱》11 集，为作物栽培各论，分述粮食作物、蔬菜、水果等的栽种技术；③《农器图谱》20 集，占全书 80% 的篇幅，几乎包括了传统的所有农具和主要设施，堪称中国最早的图文并茂的农具史料，后代农书中所述农具大多以此书为范本。《王祯农书》兼论南北农业技术，对土地利用方式和农田水利叙述颇详，并广泛介绍各种农具，是一本很有价值的书籍。该书后附录和造活字印书法，对防火建筑和活字印刷有重要贡献。

图片授权

全景网

壹图网

中华图片库

林静文化摄影部

敬　启

　　本书图片的编选，参阅了一些网站和公共图库。由于联系上的困难，我们与部分入选图片的作者未能取得联系，谨致深深的歉意。敬请图片原作者见到本书后，及时与我们联系，以便我们按国家有关规定支付稿酬并赠送样书。

　　联系邮箱：932389463@qq.com

参考书目

1. 沈镇昭，隋斌．中华农耕文化［M］．北京：中国农业出版社，2012.

2. 周昕．中国农具通史［M］．济南：山东科学技术出版社，2010.

3. 钟恒．图说中国农耕文明［M］．南昌：江西人民出版社，2010.

4. 李玉洁．黄河流域的农耕文明［M］．北京：科学出版社，2010.

5. 李根蟠．中国古代农业［M］．北京：中国国际广播出版社，2010.

6. 郭星云．晚期农耕文明［M］．天津：天津大学出版社，2009.

7. 张家荣．农耕年代［M］．济南：山东画报出版社，2009.

8. 张力军，胡泽学［M］．图说中国传统农具．北京：学苑出版社，2009.

9. 国风．中国古代农耕经济的管理［M］．北京：经济科学出版社，2007.

10. 周昕．中国农具发展史［M］．济南：山东科学技术出版社，2005.

11. 周昕．中国农具史纲及图谱［M］．北京：中国建材工业出版社，1998.

12. 胡泽学．三晋农耕文化［M］．北京：中国农业出版社，1970.

中国传统风俗文化丛书

一、古代人物系列（9 本）
1. 中国古代乞丐
2. 中国古代道士
3. 中国古代名帝
4. 中国古代名将
5. 中国古代名相
6. 中国古代文人
7. 中国古代高僧
8. 中国古代太监
9. 中国古代侠士

二、古代民俗系列（8 本）
1. 中国古代民俗
2. 中国古代玩具
3. 中国古代服饰
4. 中国古代丧葬
5. 中国古代节日
6. 中国古代面具
7. 中国古代祭祀
8. 中国古代剪纸

三、古代收藏系列（16 本）
1. 中国古代金银器
2. 中国古代漆器
3. 中国古代藏书
4. 中国古代石雕
5. 中国古代雕刻
6. 中国古代书法
7. 中国古代木雕
8. 中国古代玉器
9. 中国古代青铜器
10. 中国古代瓷器
11. 中国古代钱币
12. 中国古代酒具
13. 中国古代家具
14. 中国古代陶器
15. 中国古代年画
16. 中国古代砖雕

四、古代建筑系列（12 本）
1. 中国古代建筑
2. 中国古代城墙
3. 中国古代陵墓
4. 中国古代砖瓦
5. 中国古代桥梁
6. 中国古塔
7. 中国古镇
8. 中国古代楼阁
9. 中国古都
10. 中国古代长城
11. 中国古代宫殿
12. 中国古代寺庙

五、古代科学技术系列（14 本）
1. 中国古代科技
2. 中国古代农业
3. 中国古代水利
4. 中国古代医学
5. 中国古代版画
6. 中国古代养殖
7. 中国古代船舶
8. 中国古代兵器
9. 中国古代纺织与印染
10. 中国古代农具
11. 中国古代园艺
12. 中国古代天文历法
13. 中国古代印刷
14. 中国古代地理

六、古代政治经济制度系列（13 本）
1. 中国古代经济
2. 中国古代科举
3. 中国古代邮驿
4. 中国古代赋税
5. 中国古代关隘
6. 中国古代交通
7. 中国古代商号
8. 中国古代官制
9. 中国古代航海
10. 中国古代贸易
11. 中国古代军队
12. 中国古代法律
13. 中国古代战争

七、古代文化系列（17 本）
1. 中国古代婚姻
2. 中国古代武术
3. 中国古代城市
4. 中国古代教育
5. 中国古代家训
6. 中国古代书院
7. 中国古代典籍
8. 中国古代石窟
9. 中国古代战场
10. 中国古代礼仪
11. 中国古村落
12. 中国古代体育
13. 中国古代姓氏
14. 中国古代文房四宝
15. 中国古代饮食
16. 中国古代娱乐
17. 中国古代兵书

八、古代艺术系列（11 本）
1. 中国古代艺术
2. 中国古代戏曲
3. 中国古代绘画
4. 中国古代音乐
5. 中国古代文学
6. 中国古代乐器
7. 中国古代刺绣
8. 中国古代碑刻
9. 中国古代舞蹈
10. 中国古代篆刻
11. 中国古代杂技